数码摄影基础 _{慕课版}

老虎工作室 张剑清 陆平 编著

U0276619

人民邮电出版社

北 京

图书在版编目（CIP）数据

数码摄影基础：慕课版 / 老虎工作室，张剑清，陆
平编著. -- 北京：人民邮电出版社，2018.1
ISBN 978-7-115-46045-5

Ⅰ. ①数… Ⅱ. ①老… ②张… ③陆… Ⅲ. ①数字照
相机－摄影技术－教材 Ⅳ. ①TB86②J41

中国版本图书馆CIP数据核字(2017)第133684号

内 容 提 要

本书是人邮学院慕课"数码摄影基础"的配套教程，共分为 8 章，主要内容包括数码相机基础知识、摄影常识、摄影的基本技巧、风光摄影技巧、静物摄影技巧、分类摄影、人像摄影技巧、数码摄影后期等。全书按照"边学边练"的理念设计框架结构，将理论知识与实践操作交叉融合，讲授数码摄影应用技能，注重实用性，涵盖海量摄影素材，分类讲解，以提高读者解决实际问题的能力。

本书可作为高等院校摄影、数字媒体等专业的数码摄影拍摄技巧、高级摄影技巧课程教材，也适合入门级读者学习使用。

◆ 编　著　老虎工作室　张剑清　陆　平
　　责任编辑　税梦玲
　　责任印制　陈　犇

◆ 人民邮电出版社出版发行　　北京市丰台区成寿寺路 11 号
　　邮编　100164　电子邮件　315@ptpress.com.cn
　　网址　https://www.ptpress.com.cn
　　涿州市般润文化传播有限公司印刷

◆ 开本：787×1092　1/16
　　印张：13.75　　　　　　　　2018 年 1 月第 1 版
　　字数：395 千字　　　　　　 2024 年 12 月河北第 14 次印刷

定价：69.80 元

读者服务热线：(010)81055256　印装质量热线：(010)81055316
反盗版热线：(010)81055315
广告经营许可证：京东市监广登字 20170147 号

前言

Preface

　　本书作者从事数码摄影、影像制作与专业教学多年，对传统的摄影拍摄技巧和数码影像后期制作有着深刻的理解，特别是对当代前沿拍摄技巧和影像制作分析有着丰富的应用经验。

　　在写作风格上，作者坚持以数码摄影拍摄理念为主、传统拍摄技巧为辅的思想，采用以问题求解引出知识点的方法，在介绍数码摄影拍摄的基础理论的同时，更多地强调结合实际拍摄实例，强调知识的应用，使学生可以快速了解数码摄影的美学理念与拍摄技巧，深入学习摄影器材的功能与拍摄、后期技术。同时，本书还结合拍摄实例和慕课视频，以拓展学生的实际运用能力。相比同类图书，本书有以下3个特点。

- 对结构和内容进行了细致的推敲，确保结构合理、内容易懂。
- 用通俗的语言、贴切的实例介绍数码摄影的基础知识。
- 加强数码摄影美学理论介绍和数码摄影后期制作方法与技巧的内容，选用了很多实例。

　　为了让学生或购买本书的广大读者能够更快地学会数码摄影，我们录制了大量的慕课视频，所有的慕课视频均放在人民邮电出版社自主开发的在线教育慕课平台——人邮学院，建议大家结合人邮学院慕课视频进行学习。下面对人邮学院使用方法做出说明。

　　1. 购买本书后，刮开粘贴在书封底上的刮刮卡，获取激活码（见图1）。

　　2. 登录人邮学院网站（www.rymooc.com），或扫描封面上的二维码，使用手机号码完成网站注册（见图2）。

图1　激活码　　　　　　　　　　　　　　图2　注册人邮学院网站

3. 注册完成后，返回网站首页，单击页面右上角的"学习卡"选项（见图3）进入"学习卡"页面（见图4），输入激活码，即可获得课程的学习权限。

图3 单击"学习卡"选项　　　　　　　图4 在"学习卡"页面输入激活码

4. 获取权限后，可随时随地使用计算机、平板电脑以及手机，根据自身情况，在课时列表（见图5）中选择课时进行学习。

5. 当在学习中遇到困难，可到讨论区（见图6）提问，导师会及时答疑解惑，本课程的其他学习者也可帮忙解答，互相交流学习心得。

6. 本书配套的PPT等资源，可在"数码摄影基础"首页底部的资料区下载（见图7），也可到人邮教育社区（www.ryjiaoyu.com）下载。

图5 课时列表

图6 讨论区

图7 配套资源

人邮学院平台的使用问题，可咨询在线客服，或致电010-81055236。

希望本书和人邮学院的"数码摄影基础"慕课能帮助大家更好地学习数码摄影。

作者

2017年10月

目录

1
Chapter

第1章
数码相机基础知识

数码相机是以电子存储设备为摄像记录的载体，通过光学镜头在光圈和快门的控制下，实现在感光元件设备上的曝光，完成影像的记录。数码相机现已成为家庭旅游、商品拍摄、肖像摄影的必备器材。其中，数码单反相机所占的比重越来越大。与传统胶片摄影相比较，数码摄影大大简化了影像的加工再现过程，可以快捷、直观地显示摄像结果。

学习数码摄影的第一步，要先认识数码相机，了解常用配件的基本使用方法。下面来详细介绍数码相机的分类、数码单反相机的结构与原理、镜头以及常用配件等基础知识。

1.1 数码相机的分类

相机的分类

我们日常使用的数码相机，按档次和成像质量可以简单分为数码单反相机、微单相机和卡片相机。数码单反相机是指单镜头反光数码相机；微单相机是指无反光镜可更换镜头式数码相机；卡片相机没有明确的概念，仅指那些外形小巧、机身轻薄的时尚相机。

1.1.1　数码单反相机

数码单反相机，全称是数码单镜头反光相机（Digital Single Lens Reflex Camera，DSLR）。在数码单反相机的工作系统中，光线透过镜头到达反光镜后，折射到上面的对焦屏并形成影像，透过接目镜和五棱镜，摄影者可以通过取景器看到外面的景物，并且通过安装在相机前端的镜头，调整视觉角度的大小进行拍摄。

Canon/ 佳能 EOS 5D Mark III

目前，市面上常见的数码单反相机的品牌有佳能、尼康、富士、索尼和宾得等，比较高端的品牌有徕卡、哈苏等。

1.1.2　微单相机

微单相机是指无反光镜可更换镜头式数码相机，搭载了与数码单反相机相同的传感器。由于微单相机取消了五棱镜、反光镜和光学取景器单元的构造，大大缩减了镜头与感光元件间的距离，也大幅度缩小了机身的体积，从而实现了机身的小型化和轻量化。

在索尼推出"微单"相机之前，奥林巴斯、松下、三星等消费电子业巨头已经推出了无反光镜、使用电子取景器，并且可以像单反一样更换镜头的数码相机产品，称之为"单电相机"。索尼公司个人影音事业部

Nikon/ 尼康 D5

部长表示，"微单相机"是在中国市场注册使用的商标，其产品被赋予了"微型"和"单反"两层含义：相机微型、小巧、便携；还可以像单反相机一样更换镜头，并且提供和单反相机同样的画质。

微单相机在结构设计上符合当代设计的简约美学，并且拥有更快的连拍速度，以及不必再受到反光镜升降产生的微幅震动的困扰。微单相机主要针对的是那些既想获得非常好的画面表现力，又追求操作简单、携带方便的用户群。因此，微单相机更加适合女士、一般家庭或者业余人士使用，也有非常多的摄影爱好者把它当作备用机。

微单相机的主要品牌包括索尼、佳能、尼康、富士、奥林巴斯和三星等。

Sony/ 索尼 ILCE-7M2 五轴防抖的全画幅微单相机

Fujifilm/ 富士 X-T10 单电相机

Nikon/ 尼康 1 J3 单电相机

1.1.3　卡片相机

卡片相机的机身小巧，便于携带，拥有最基本的曝光补偿、区域测光和点测光功能，标准的配置使

其在摄影领域具有一定的用武之地。随着使用卡片相机的人群越来越广泛，卡片相机也追加了许多花哨的特效功能，并且内置了许多诸如 LOMO 风格仿制、移轴效果仿制等后置功能。摄影者通过对曝光的基本控制，再配合清晰度、对比度等选项的设置，同样可以拍摄出较好的摄影作品。

　　卡片相机的主要品牌包括佳能、尼康、索尼、徕卡、卡西欧等。

Canon/ 佳能 PowerShot 卡片相机　　　Nikon/ 尼康 COOLPIX 卡片相机　　　Sony/ 索尼 DSC-WX220 卡片相机

1.2　数码单反相机的结构与原理

　　数码单反相机的构造源于胶片单反相机，通过镜头收集光线以进行成像，这一原理是相同的。但将接受到的光线进行成像的过程则是数码相机特有的，更近似于摄像机的特性。数码单反相机的内部由机械部分和电子部分共同构成，制作十分精密。

数码相机成像原理

1.2.1　数码单反相机的结构

　　数码单反相机是一个由内置光敏传感器、存储设备、电子装置和电源等部件构成的密闭不透光的机器。当按下快门进行拍摄的时候，快门帘打开，光线通过镜头到达传感器，通过的光线多少由光圈值来决定。传感器将这些光线经影像处理器处理后形成影像，最后写入存储卡。

1.2.2　数码单反相机的摄影原理

　　在数码单反相机的工作系统中，光线透过镜头到达反光镜后，折射到上面的对焦屏并形成影像，透过接目镜和五棱镜，摄影者可以在取景器中看到外面的景物。

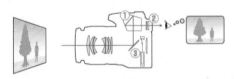

①五棱镜　②取景器　③反光镜
按下快门按钮前的状态

　　在按下快门按钮的同时，反光镜便会向上弹起，感光元件（CCD 或 CMOS）前面的快门幕帘便同时打开，通过镜头的光线便投影到感光原件上感光；然后反光镜便立即恢复原状，取景器中再次可以看到影像。

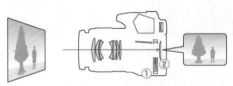

①快门单元　②感光元件
按下快门按钮后的状态

一、感光元件

感光元件是数码相机的核心，也是最关键的技术。传统单反相机使用胶卷作为记录影像信息的载体，而数码单反相机则是采用感光元件来完成生成影像的过程。数码相机的核心成像部件有两种：一种是广泛使用的电荷耦合（CCD）元件；另一种是互补金属氧化物半导体（CMOS）器件。

CCD（Charge Coupled Device）感光元件使用一种高感光度的半导体材料制成，由许多感光单位组成，通常以百万像素为单位。当CCD表面受到光线照射时，每个感光单位会将电荷反映在组件上，即把光线转变成电荷；所有感光单位所产生的信号加在一起，就构成了一幅完整的画面。该画面再被转换成数字信号，经过压缩后，保存在相机内部的闪速存储器或内置硬盘卡中。

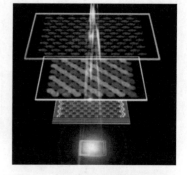

CCD 感光元件结构图

CMOS（Complementary Metal-Oxide Semiconductor）感光元件和CCD感光元件一样，都是在数码相机中可记录光线变化的半导体。随着科技的不断发展，CMOS逐渐成为一种重要的感光元件。由于CMOS感光元件具有成本低且便于大规模生产的特点，促使CMOS成为了目前广泛使用且更具发展潜力的感光元件。

CMOS 感光元件

二、画幅

画幅是指感光元件（CCD或CMOS）的尺寸大小。根据画幅的大小，数码单反相机主要分为全画幅和非全幅（APS-C）两种类型。

全画幅也称为135画幅，其大小为36mm×24mm，与35mm胶片机尺寸基本一致。全画幅的定义是相对于APS-C画幅、半幅而言的，实际上全画幅不是最大面积的画幅。还有中画幅、大画幅等规格，它们的面积比全画幅大很多。

先进摄影系统C型（Advanced Photo System type-C，APS-C）画幅的感光元件的面积比全画幅要小，其尺寸为23mm×15mm左右，不到全画幅的1/2。

两种画幅尺寸的感光元件各有特点：全画幅拥有较大面积的感光元件和高像素数量，具有较好的分辨率优势，用于高端机型；APS-C画幅的感光元件面积较小，但是其优点为小型化、低成本，应用也非常广泛。

不同画幅尺寸示意图

1.2.3 数码单反相机的数据记录原理

数码单反相机记录数据的流程分为3个阶段。

第一阶段，光线透过镜头，在图像感应器上转换成电子信号，生成图像数据的基础部分，但并未完成成像。

第二阶段，根据图像感应器所传输过来的数据，由数字影像处理器完成信号转化，生成数字图像。

第三阶段，将影像处理器生成的数字图像保存到储存卡。

1.3 数码单反相机的组成

数码单反相机主要是由机身和镜头两部分组成。

机身负责操控参数，外壳一般由金属或塑料制成，内部由机械和电子两部分组成，主要部件包括镜头、反光镜、快门单元、感光元件、图像处理器等。

在数码单反相机中，镜头的作用就像人的眼睛一样，如果没有"眼睛"，相机将无法成像。数码单反相机的一大魅力，就是可以搭配多种多样的镜头。镜头由光学透镜和机械元件组成，镜头的品质很大程度上决定了最终的成像质量。

①镜头 ②反光镜 ③快门单元 ④感光元件 ⑤图像处理器
数码单反相机结构图

1.4 镜头

对于数码单反相机而言，镜头与机身同样重要。它不仅承担着收集光线、形成图像的任务，还承担着对焦等工作。初学者想要学好数码单反摄影，就要先掌握镜头的基础知识、镜头的分类以及镜头的选择与维护。

镜头名词解释

 小贴士：镜头常见用词解释

佳能镜头常见用词

- EF：适用于全画幅、APS-C 画幅的 EOS 相机，还可安装在 EOS 胶片相机上。安装到相机上时，对准卡口的标示为红色。

- EF-S：APS-C 画幅 EOS 数码单反相机专用镜头。S 为 Small Image Circle（小成像圈）的字首缩写。

- EF-M：EOS M 专用镜头。被设计为适合搭配 APS-C 画幅 CMOS 图像感应器，但无法安装到 EOS M 以外的相机上。

- L：L 为 Luxury（奢华）的缩写，表示此镜头属于高端镜头。此标记仅赋予通过了佳能内部特别标准的，具有优良光学性能的高端镜头。

- DO：表示采用 DO 镜片（多层衍射光学元件）的镜头。其特征是可利用衍射改变光线路径，只用一片镜片对多种像差进行有效补偿，此外还能够起到减轻镜头重量的作用。

尼康镜头常见用词

- AF-S：AF-S 表示这类镜头是低噪音引擎镜头。这类镜头内置 SWM，即超声波马达，在尼康机身上可实现自动对焦。

- G：此类镜头自身没有光圈环，因此总是通过相机机身选择光圈。凭借光圈叶片的强大控制能力，即使光圈很小也仍然实现稳定的高速连拍。

- D：D 代表距离。拍摄对象至相机的距离信息可通过内置编码器获得，该编码器与镜头对焦环相连。该信息然后被传输至相机内以用于 3D 彩色矩阵测光 II / III 和 i-TTL 均衡补充闪光所需的高精度曝光控制。每款 AF、AF-S、PC 和 PC-E 系列镜头均内置了距离信号。

1.4.1 镜头的分类

一、标准镜头

标准镜头通常是指焦距在 40 ~ 55mm 的摄影镜头，是最基本的一种摄影镜头。标准镜头又分为标准定焦镜头和标准变焦镜头。标准镜头拍摄的影像更接近于人眼正常的视觉范围，表现的视觉效果有一种自然的亲近感，能够再现被摄体的真实特征。摄影者用标准镜头拍摄时与被摄物的距离也较适中，所以在诸如普通风景、普通人像、抓拍等摄影场合使用较多。最常见的纪念照，多是采用标准镜头来拍摄。

从另一方面看，由于标准镜头的画面效果与人眼视觉效果十分相似，所以用标准镜头拍摄的画面效果又是十分普通的，甚至可以说是"平淡"的，它很难获得广角镜头或远摄镜头那种渲染画面的戏剧性效果。因此，要用标准镜头拍出生动的画面来是非常不容易的，即使是资深的摄影师也认为用好、用活标准镜头并不是一件容易的事。

镜头的分类

广角与标准镜头

尼克尔 AF-S 50mm f/1.4G

佳能 EF 24-70mm f/2.8L II USM

利用标准镜头拍摄的夜景　快门速度：1/2s 光圈：f2.8

二、广角镜头

广角镜头视角大、视野宽阔，又被称为"短焦距镜头"。它从某一视点观察到的景物范围，要比人眼在同一视点所能看到的范围大得多，并且广角镜头的景深长，可以表现出非常大的清晰范围，能够强调画面的透视效果，善于夸张前景、表现景物的远近感，这非常有利于增强画面的感染力。

广角镜头分为普通广角镜头和超广角镜头两种。普通广角镜头的焦距一般为 38 ~ 24mm，视角为 60°～ 84°；超广角镜头的焦距一般为 20 ~ 14mm，视角为 94°～ 118°。广角镜头比较适合拍摄宏大的场面和庞大的物体，这是标准镜头所不能及的。

能强调前景和突出远近对比，是广角镜头的另一个重要性能。这种性能是指广角镜头能比其他镜头更加强调近大远小的对比度。也就是说，用广角镜头拍出来的照片，近的东西更大，远的东西更小，从而让人感到拉开了距离，在纵深方向上产生强烈的透视效果。特别是用焦距很短的超广角镜头拍摄，近大远小的效果尤为显著。

尼克尔 AF 14mm f/2.8D ED 广角定焦镜头　　　　佳能 EF 16-35mm f/2.8L III USM 广角变焦镜头

广角镜头拍摄的建筑　快门速度：1/640s 光圈：F11

三、长焦镜头

长焦距镜头的焦距长、视角小、在底片上成像大。长焦镜头分为普通远摄镜头和超远摄镜头两类。普通远摄镜头的焦距长度接近标准镜头，而超远摄镜头的焦距却远远大于标准镜头，适合于拍摄远处的对象。以 135 照相机为例，其镜头焦距为 85 ~ 300mm 的摄影镜头为普通远摄镜头，300mm 以上的为超远摄镜头。由于它的景深范围比标准镜头小，因此可以更有效地虚化背景，突出对焦主体，而且由于被摄主体与相机相距比较远，在人像的透视方面出现的变形较小，拍出的人像更生动，因此，人们常把长焦镜头称为"人像镜头"。

中长焦镜头

长焦镜头的体积大、重量重，摄影者在使用长焦镜头拍摄时，应尽可能地使用快速快门，以防止手持相机拍摄时，由于手的晃动而造成影像的模糊。为了保持相机的稳定，建议把相机固定在三脚架上进行拍摄。

尼克尔 AF-S 200-400mm f/4G ED VR II 长焦距镜头　　　佳能 EF 400mm f/4 DO IS II USM 长焦距镜头

长焦镜头拍摄风景照　快门速度：1/250s 光圈：F8

四、微距镜头

微距镜头是一种用于拍摄细微物体的特殊镜头，它能把主体的细节、纤毫表现得淋漓尽致，如花卉上的露珠、昆虫的细须等。为了保证对距离极近的被摄物也能准确对焦，微距镜头通常被设计成能够拉伸得更长，以使光学中心尽可能远离感光元件。大多数微距镜头的焦长都大于标准镜头，可以被归类为望远镜头，但是在光学设计上可能不如一般的望远镜头，因此，并不完全适用于一般的摄影。

常见的微距镜头的焦距有 50mm、60mm、85mm、90mm、100mm、105mm、125mm 等规格，不同规格的微距镜头又有着各自不同的用处。比如说，50mm 至 60mm 的镜头，可以在一般的翻拍台上，对一页 A4 纸大小的物品进行拍摄，如果换用了一支 200mm 的微距镜头，在同样的条件下拍摄，相机就必须距离物品很远，小型的翻拍台就不能满足它的要求。使用微距镜头拍摄细小的自然景物，因为人们一般无法看到所拍摄的微观景象，所以会给人一种奇妙的视觉感受。另外，微距镜头可以得到高清晰度的影像，被摄景物的质感再现，也会使人感受到影像的震撼。

微距尼克尔 PC-E 45mm f/2.8D ED　　　　　　微距尼克尔 AF-S DX 40mm f/2.8G

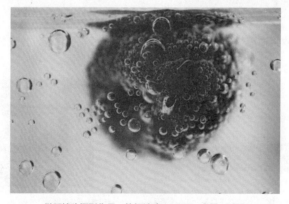

微距镜头摄影作品　快门速度：1/125s 光圈：F3.5

五、鱼眼镜头

鱼眼镜头是一种焦距为 16mm 或更短的，并且视角接近或等于 180° 的镜头。它是一种极端的广角镜头。为了让镜头达到最大的摄影视角，这种镜头的前镜片呈抛物状，在镜头前部凸出，和鱼的眼睛颇为相似，因此被称为"鱼眼镜头"。鱼眼镜头最大的特点是视角范围大，视角一般可达到220° ～ 230°，这为近距离拍摄大范围景物创造了条件。鱼眼镜头在接近被摄物拍摄时，能造成非常强烈的透视效果，强调被摄物近大远小的对比，使所摄画面具有一种震撼人心的感染力。鱼眼镜头具有相当长的景深，有利于表现照片的长景深效果。

鱼眼镜头与人们眼中的真实世界的景象是存在很大差别的，因为，我们在实际生活中看见的景物是有规则的固定形态，而通过鱼眼镜头产生的画面效果则超出了这一范畴，给人们带来了新奇之感。

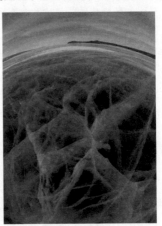

鱼眼尼克尔 AF 16mm f/2.8D　　　　鱼眼镜头摄影作品　快门速度: 1/200s 光圈: F5

六、移轴镜头

移轴镜头是一种可以实现倾角和偏移功能的特殊镜头，它的主要作用是纠正透视变形和调整焦平面位置，只有一种手动对焦方式。移轴镜头主要用在建筑摄影及广告摄影等。其使用范围比较局限，所以移轴镜头本身生产得少，可选择的余地不大。拍摄的照片效果就像是微型模型一样，非常特别。

佳能 TS-E 17mm f/4L 移轴镜头　　　　LAOWA 12mm f/2.8 ZERO-D 移轴镜头样张欣赏

1.4.2　镜头的选择与维护

数码单反镜头的数量庞大、种类繁多。对于初学者来讲，该怎样选择一款或几款适合自己的镜头就成为了一个难题。

一、镜头的选择

1. 根据拍摄题材选择镜头

风光摄影：焦距范围从超广角至长焦的镜头都在风光摄影可选择的镜头范围内。其中最常用的是广角镜头和长焦距镜头。广角镜头善于描绘大场景，而长焦距镜头易于表现较远景物的局部特征。

人像摄影：人像摄影的可选择镜头的范围更加广泛，焦距在 35 ～ 200mm 内的镜头都是可选择的。其中，焦距为 35mm、50mm、85mm、135mm、200mm 的定焦大光圈镜头，更是深受摄影爱好者的欢迎。

微距摄影：微距摄影主要拍摄的是静物、花草和昆虫等，各厂家都生产有专业的微距镜头。

旅游摄影：焦段丰富的变焦镜头是旅游摄影的最佳选择，如焦距为 18 ～ 135mm、18 ～ 180mm 等的镜头。

建筑、园林摄影：拍摄园林、建筑，最好使用移轴镜头来抵消透视变形，也可以使用广角镜头进行拍摄。

舞台、体育运动摄影：对远距离的舞台和体育场来讲，长焦距镜头是最好的选择，如焦距为 200 mm、200 ～ 400 mm、400 mm、600 mm 等的镜头。

标准镜头拍摄 EF 24-70mm f/2.8L II USM

2. 根据反应时间选择镜头

根据拍摄反应时间长短，可以按下面标准选择镜头。

（1）如果经常拍摄日常生活、新闻纪实等需要快速反映的题材时，变焦镜头是最好的选择。

（2）如果是拍摄人物肖像、平面广告等可以花时间琢磨的题材时，一个大光圈的定焦镜头是必不可少的。

定焦镜头拍摄人像 快门速度：1/40s 光圈：F3.2 ISO 感光度：200

二、镜头的更换

取出镜头

1. 先取出要更换的镜头

为了更快速地将镜头安装到相机上，可以事先把要更换的镜头放在便于取用的地方。但要避免将镜头放置在不稳定的场所或尘土飞扬的地方。更换镜头前必须关闭相机电源。

2. 低位更换镜头

更换镜头时，为了减轻意外滑落造成的镜头损坏，应尽量选择离平面较低的位置。在更换时，要拿稳镜头，按住镜头释放按钮，对着相机顺时针旋转镜头。镜头卸下后，应立即安装后盖。

低位更换镜头

3. 相机朝下更换镜头

镜头从相机上卸下时，反光板由于暴露在外，很容易有灰尘进入。因此，人和相机要尽量背风，并且将相机朝下，防止灰尘进入机身。

4. 对齐安装标志

卸下要安装的镜头的后盖，将相机和镜头的安装标志对齐，对着相机逆时针缓慢转动镜头，听到"咔"的响声时，安装完成。

相机朝下换镜头　　　　　对齐安装标志

三、镜头的保养

保养镜头应准备气吹、毛刷、棉棒等清洁器材，如果相机内部有灰尘侵入而不能及时清理，会影响相机的成像质量，甚至对相机造成损伤。

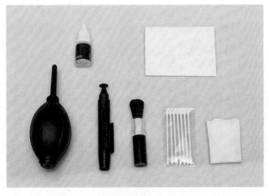

清洁所需用品

1. 吹走灰尘

镜头的保养首先要用气吹把附着在镜片和机身的灰尘吹走。如果直接用清洁布等用品擦拭灰尘的话，可能会损伤镜面，所以应先用气吹除去大部分灰尘。

2. 清洁液去除污垢

气吹无法清除的污渍可以通过镜头清洁液清除。用专用清洁纸蘸取少量清洁液，从镜片中心部分开始，轻轻向外转圈擦拭，擦拭时不要用力按压。再换一张新的清洁纸擦去清洁液。

利用气吹吹走灰尘　　　　　　　　　　　　　清洁液去除污垢

3. 棉棒清洁接点

镜头通过接点可以与相机进行信息交换。这些节点如果有污垢，将影响信息的正常交换，自动对焦等动作也不能正常进行。清洁接点时，使用棉棒小心清除污垢即可。

4. 清洁布擦拭镜身

用柔软的清洁刷和清洁布擦拭镜身时，镜身的前后盖都要盖好。

5. 利用防潮箱

如果将镜头保存在高温潮湿的地方，镜头很容易长霉。如果经济条件允许，可以购置相机专用防潮箱。当然也可以自备一个干燥箱，但是为了控制湿度，应定期更换干燥剂。

清洁布擦拭镜身　　　　　　　　防潮箱保护相机和镜头

1.5 常用配件

摄影者在使用数码单反相机时，往往会根据环境的差别而选择不同的配件来完成摄影作品。例如，在拍摄瀑布时，为了形成烟雾缭绕的水雾效果，必须使用三脚架来固定相机，才能保证作品的效果。

1.5.1 基本配件

一、摄影包

摄影者在出行外拍时，需要携带合适的摄影包，以保护摄影器材不受灰尘、水

相机附件的选择

汽等恶劣环境的影响。现在摄影包主要品牌有佳能、尼康、国家地理、乐摄宝等，有双肩式、单肩式、斜肩式、拉杆箱式等样式，可以满足用户的不同需求。

拉杆箱式摄影包　　　　　　　　　　　　　　　　　单肩摄影包内部结构

二、存储卡

目前，数码单反相机的存储卡主要有两种类型：CF 卡和 SD 卡。

1. CF 卡

标准闪存卡（Compact Flash，CF）最初是一种用于便携式电子设备的数据存储设备。作为一种存储设备，它革命性地使用了闪存技术，于 1994 年首次由 SanDisk 公司生产并制定了相关规范。闪存型存储设备具有非易失性和固态等特征，所以它比磁盘驱动器更稳固，耗电量仅相当于磁盘驱动器的 5%，却具有较快的传输速率，目前 CF 卡的读取速度可达到 103Mbit/s，写入速度可达到 95Mbit/s。

SanDisk 65G CF 卡

2. SD 卡

SD 卡是一种基于半导体快闪记忆器的新一代记忆设备。由于具有体积小、数据传输速度快、可热插拔等优良的特性，SD 卡被广泛地应用在便携式装置上，例如数码相机和多媒体播放器等。2014 年初 SanDisk 公司正式发布了一张全新的 Extreme PRO SD UHS-II 储存卡，最高可达 280Mbit/s 的读取速度和 240Mbit/s 的写入速度。

SanDisk 512G SD 卡

三、脚架与云台

1. 脚架

脚架是提高摄影技能的必备配件之一，摄影者可以利用三脚架拍摄长时间曝光的车流、光绘、创意自拍等各类艺术创作；可以在足球比赛等大范围、无规则的运动场合利用独脚架抓拍运动员的各种状态。这些都是手持相机无法完成的场景，所以脚架是进阶摄影很重要的工具。

摄影者在购买脚架时，需要考虑到 4 个因素：材质、稳定性、便携性和功能性。

独脚架　　　　　　　　　　　三脚架　　　　　　　　　　　　反折式三脚架

2. 云台

云台是连接脚架和相机的配件，用于调节拍摄的方向和角度。云台分为三维云台和球形云台两类。三维云台的承重能力强，但是占用空间较大，携带时略微不便；球形云台体积较小，只要旋转按钮，就可以让相机迅速地转移到需要的角度，操作便利。

云台（左为球形云台，右为三维云台）

四、电池

购买数码单反相机时，厂家会提供一块原厂电池，平日需要注意电池的维护。例如在电池还剩少量电时，要及时充电；一段时间不用电池的话，要把电池从相机中取出，放在阴凉处，并且适当充电，防止因为放电过量导致电池损伤。

电池（左为佳能电池，右为尼康电池）

五、快门线

快门线是控制快门的遥控线，分为有线快门线和无线快门线，经常用于远距离控制拍照、长时间曝光、连拍等情况，可以避免手动按下快门时引起机身的震动，防止破坏画面的完整。随着数码相机的功能提示，快门线的功能也随之增加，电子快门线得到快速发展。如：B 模式下锁定，实现长时间曝光；间隔时间拍照、连拍、计时拍照等。

有线快门线　　　　　　　　　　　　无线快门线

1.5.2　滤镜

一、偏振镜

偏振镜又称"偏光镜"，简称 PL 镜，偏振镜可以有选择地让某个方向振动的光线通过，在彩色和黑白摄影中经常用来消除或减弱非金属体、水面等表面的强反光，从而增加成像反差，提高色彩的饱和度。例如，在风光摄影中，经常用来表现强反光处的物体的质感、突出玻璃后的景物。

偏振镜

二、UV 镜

UV（Ultra Violet）镜又名紫外线滤光镜，是数码相机使用的一种滤镜，起到保护镜头、提高画面质量的作用。UV 镜通常为无色透明的，有些因为加了增透膜的关系，在特定角度下会呈现紫色或紫红色。UV镜的主要功能是用于吸收波长在 400 毫微米以下的紫外线，而对其他可见或者不可见光线均无过滤作用。UV 镜之所以能够过滤紫外线是因为镜片中含有铅。因此，UV 镜与其他相同尺寸和厚度的镜片相比要重一些。同时，UV 镜可以避免镜头表面镀膜直接与外界环境接触，起到了对镜头保护的作用。

UV 镜

三、中灰滤镜

中灰滤镜也叫中灰密度镜，简称 ND 镜，其主要作用是减少光量进入相机。中灰滤镜可以为摄影者的创作带来更多的曝光手段，发挥创作空间。中灰滤镜只起到减弱光线的作用，不会影响最终的成像色彩，也不会影响数码相机的白平衡和自动曝光系统。

中灰滤镜

四、渐变灰滤镜

渐变灰滤镜是一块圆形或四方形的胶片或玻璃，表面涂上的一层由透明到灰色的渐变涂层，灰色的部分可以阻挡一部分的光线进入镜头。因此在同一时间内，照片的不同部位有着不同的曝光值。使用渐变灰滤镜时，曝光量越大，需要滤镜的密度越高。

渐变灰滤镜

没有使用渐变灰滤镜

使用ND4渐变灰滤镜

渐变灰滤镜对比图

1.5.3 闪光灯及其附件

光赋予了摄影作品以灵魂。大自然中充满了各种光线，光线对照片的层次、色调、气氛都有着关键的影响。在室内，当光线不充足的时候，摄影者可以使用人造光源进行补充。闪光灯就是使用最多的人造光源。

一、影室闪光灯及其附件

1. 影室闪光灯

影室闪光灯又叫影室灯，是摄影棚内使用的人造光源。影室闪光灯采用交流供电，需要使用灯架支撑，工作原理是由高压大电流通过氙气灯管瞬间放电发出强闪光。影室闪光灯给摄影师提供了最大程度上的驾驭范围，可以模拟自然条件下的各类光线，也可以根据需要营造出一些特定的光照效果，从而更好地描绘被摄物体。

影室闪光灯

2. 无线引闪器

无线引闪器是引闪器的一种，通常是成对使用的。它的发射器安装在相机热靴上，接收器连接在室内闪光灯的 PC 端。无线引闪器能够做出很多效果，而且会令照片中的灯光与环境光融合得更自然。它的主要优点是频道合适、稳定性好、距离长、同步速度快和支持扩展用途等。

无线引闪器

发射器插接到相机热靴插座上

3. 反光罩

反光罩是最常用的摄影棚附件之一，可以大大提高灯具光的利用率。反光罩的总体特点是光强、光性硬、方向性明显、投影浓重。根据反射的角度不同，它又可以分为标准反光罩、长焦（聚焦）反光罩、广角反光罩和背景反光罩。

反光罩

（1）标准反光罩

- 特点：高光部分为圆点，增强反光；阴影部分非常明显，并且深沉；轮廓较为柔和。
- 适用：艺术照、平面广告、影楼拍摄、花卉摄影等。

（2）长焦反光罩

- 特点：高光部分为圆点，增强反光；阴影部分非常明显，并且深沉；轮廓较为柔和。其光线比标准反光罩更加集中。
- 适用：平面广告、半身人像等艺术照。

（3）广角反光罩

- 特点：高光部分为圆点，增强反光；阴影部分非常明显，并且深沉；轮廓较为柔和。其光线比标准反光罩更加发散。

- 适用：平面广告、艺术照、集体照等。

（4）斜口反光罩

- 特点：产生椭圆形光柱，可以形成背景等其他区域的自然光照效果，还可以形成渐层光的戏剧性效果。
- 适用：艺术照、平面广告、影楼拍摄等。

4. 四叶挡光板

四叶挡光板由可折合的四叶不透明黑色金属的叶片组成。通过转动四个叶片的位置，可以调节控制光线输出的方向和照射范围，挡住摄影时不需要照亮的位置，同时又不妨碍其他应该照亮的部分，让投射到主体上的强烈光线变得柔和。

四叶挡光板

5. 柔光箱

柔光箱不能单独使用，它属于影室灯的附件。柔光箱装在影室灯上，让发出的光更加柔和，拍摄时能消除照片上的光斑和阴影。由于功能上的差异，所以有八角形、伞形、立柱型、条形、蜂巢形、快装型等多种结构。柔光箱有大小不同的各种规格可以选择。

柔光箱适合室内拍摄静物或者人像艺术，有利于表现人的皮肤质感和色彩，使肤质表现得非常细腻，且光照面积大，是影棚必备的附件之一。

柔光箱

6. 蜂巢片

蜂巢片是装在闪光灯或灯具前的屏蔽网格。由于外型像是纹路规整的蜂窝，所以称为"蜂巢片"。当闪光灯的光源透过蜂巢片的网格后，光线会变成具有方向性的光，使光线照射的范围局限在一个区域内。实际打出来的光线会变成由中央向外围逐渐失光的效果。蜂巢片的网格越小，则失光效果越明显。

蜂巢片

7. 反光板

反光板是人像摄影中最常用到的补光附件，用锡箔纸、白布、泡沫硬板等材料制成。反光板在外景拍摄时起到辅助照明作用。不同的反光表面，可产生软硬不同的光线。常用的有银色反光板、金色反光板、柔光板、白色反光板和黑色反光板等。

反光板

反光板应用

8. 灯架

灯架是固定闪光灯及其附件的基本装置，多为金属材质。在选购灯架时，应注重观察其稳定性、缓冲功能以及快速锁紧装置功能。

灯架及灯架细节

9. 背景纸、背景布和背景架

背景纸、背景布和背景架是棚内摄影最为常见的附件。背景纸有多种颜色，其规格一般为每卷272cm×110cm。背景布有扎染、手绘、纯色等类型，一般根据客户的需求定制尺寸。背景架是用来支撑背景纸和背景布的，可以钉在墙上或用撑杆支撑，有手动升降的，也有电动升降的。

背景纸

二、外拍闪光灯及其附件

外拍闪光灯是指配有专用高性能电池、可手持使用或灯架支撑的直流供电的闪光灯，一般用于室外拍摄。

外拍闪光灯

三、热靴闪光灯及其附件

1. 热靴闪光灯

热靴闪光灯是指能插到数码单反相机顶端"热靴"接口槽上的便携闪光灯。它的原理是通过数码单反相机顶端的热靴触点与闪光灯底端的触点连接，从而触发闪光。热靴闪光灯与其他大型灯光照明设备相比，有着便携性好、性价比高的优势，并且它支持高速闪光同步的回电速度，能给摄影者的拍摄提供更浅的景深和更自由的布光范围。

热靴闪光灯　　　　　　　　　　相机热靴触点

2. 柔光罩

柔光罩是安装在热靴闪光灯前部的半透明塑料盒子，也可以叫闪光灯散射罩，它可以将闪光灯的强硬光线转化成柔和的散射光，使照片更加自然。

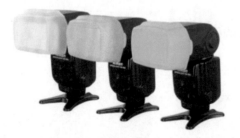

闪光灯柔光罩

1.6 数码单反相机的定位及选购要点

相机及镜头的选购

如今的数码单反相机品牌众多，每个品牌名下又有一系列的机型供摄影者来选择，每款相机的性能、价格也不尽相同。摄影者在选购相机时，既要根据自身的需求，也要参考单反相机的性能参数进行选择。

1.6.1 根据性能参数选择

不论是摄影初学者，还是专业级摄影师，在选购单反相机时都是多方比较，才能选中最适合的那一款。

1. 感光元件尺寸

对于相同有效像素的感光元件，它的尺寸越大，感光性能就越好，能够记录的拍摄细节也就越多。感光元件是数码相机的核心，也是最关键的技术。所以在选购单反相机时，首先应该关注感光元件的尺寸是否合适。

相机镜头参数

2. 自动对焦精度和速度

对焦是否准确、清晰对摄影作品来说非常重要，如果摄影作品对焦发虚、焦点不准确，就算作品光线、颜色再好也不能成为一幅好的作品。自动对焦是相机智能对焦，取决于相机的对焦精度和速度，所以在购买前，一定要注意这点。

3. 快门速度

同自动对焦速度相同，如果不够精准、快速，摄影者也许会错过美好的瞬间，捕捉不到想要的画面。

感光元件

4. 其他

影响选购数码单反相机的因素还有很多，比如取景器视野率、液晶屏的大小、快门寿命、电池续航等。摄影者可以根据自己的需求，选购适合自己的数码单反相机。

1.6.2 根据使用目的选择

如果相机的使用目的是为了拍摄出游、日常生活、人像（模特）等的照片，那么购买入门级、准专业级、专业级数码单反相机都可以满足要求。如果其主要目的是为商业应用或参加摄影比赛等，那么购买准专业级、专业级数码单反相机可以满足需求。

自动对焦模式

1.7 数码单反相机的持机姿势

数码单反相机的持机姿势对于拍摄者来说非常重要，因为正确的持握姿势能直接影响拍摄作品的质量。

1.7.1 基本的持握方式

右手切实握持手柄，左手支撑镜头下部，基本上是用双手包裹住相机。使用变焦镜头时，左手可以方便地转动镜头上的变焦环进行变焦。双手肘部要夹紧身体。初学者常常用双手握住相机的两侧，这样握持很容易抖动，是不正确的姿势。

数码单反相机的基本持握姿势

1.7.2 使用取景器的方法

使用取景器拍摄，可以清晰地观察到显示器中的取景图像和设定参数，是最基本的拍摄方式。取景时，眼睛贴紧眼罩，通过眼睛和双手的 3 点支撑，相机更稳定。为了能迅速捕捉快门时机，不要过度用力。不要忘记双肘夹紧身体。

1.7.3 拍摄姿势

一、站姿

站立拍摄的时候要把自己想象成三脚架，双脚分开与肩同宽，夹紧上臂，以提供稳当的支撑。这里要注意整体的姿态，往往弓着背的时候就会无意识地放松双臂，导致手抖。

站姿拍摄

拍摄基本姿势

二、蹲姿

拍摄人物全身照的时候，从较低的角度拍摄会得到较好的身体比例。这时候采用单腿跪地的姿势拍摄。右膝着地，左手肘部支撑在左膝的姿势，可以让长时间的拍摄更平稳。

蹲姿拍摄

三、实时显示拍摄

观察液晶监视器的实时显示拍摄时，身体与相机有一定距离，容易引起手抖动。与取景器拍摄一样，持机时也要双肘夹紧身体，右手切实握持手柄，左手支撑镜头下部。触摸操作时将相机置于掌中使其稳定。

实时显示拍摄

1.8　小结

本章主要介绍了有关数码相机的分类、数码单反相机的构造、摄影原理、数据记录原理以及镜头的选择与维护、常用配件、数码单反相机的定位及选购要点等知识。初学者应当了解并逐步熟悉这些知识，为后续的摄影学习打下扎实的基础，这对于在今后使用数码单反相机进行实践拍摄具有十分重要的意义。

1.9　思考题

1. 什么是数码摄影？
2. 简述数码单反相机的工作原理。
3. 标准镜头、广角镜头和长焦镜头各有什么用途和特点？

2 Chapter

第2章
摄影常识

本章主要介绍数码单反相机的基本参数设置操作，包括初始化设置、相机图像设置等；以及数码单反相机的拍摄参数设置，其中包含光圈、快门速度、感光度、曝光时间、测光方式、曝光模式、色温与白平衡等。

2.1 数码单反相机的基本参数设置

数码单反相机根据拍摄要求的不同，在使用前要对相机的基础参数进行设置，虽然初始化设置及图像设置的选项很多，但是只要掌握基本菜单设置，就可以拍摄出满足要求的照片。

2.1.1 单反相机的初始化设置

一、时间和日期

为了能够准确记录照片拍摄的时间，方便日后的整理工作，应保证相机设置的时间是准确的。时间和日期的设置方法非常简单，开机后进入 MENU（功能）菜单，找到日期和时间选项，上下选择日期，设置好后按 SET（OK）设置即可，如果时间正确，则按 MENU（功能）退出。下图为佳能相机时间和日期的设置选项。

设置时间和日期

二、语言设置

随着商品全球化的程度越来越高，数码单反相机的销售市场也扩展到了全世界不同的国家及地区，这就促使数码单反相机为用户提供多种不同国家的语言可以选择。用户根据自己的需要来设置语言时，打开数码单反相机，找到"Language（语言）"设置菜单项，如选定"简体中文"后，所有的显示文字均改为简体中文。下图为佳能相机语言设置选项。

语言设置选项

三、液晶屏亮度

在外拍或是室内拍摄时，可以根据自己的需要更改相机液晶屏的亮度，以适应周围的照明环境。无论是佳能相机还是尼康相机，在调整液晶屏亮度时，都会出现一组由最黑到最白的 10 阶灰阶图。在液晶屏幕调到最亮的时候，如果无法明显区分灰阶图中最亮的两个色块，说明屏幕太亮。同理，如果无法明显区分最暗的两个色块，说明屏幕太暗。下图为佳能相机屏幕亮度设置选项。

液晶屏亮度调整

2.1.2 相机图像设置

一、图像画质

数码单反相机为摄影者提供了多个等级的图像画质，可以根据不同的用途设置画质的高低。例如，如果是准备参加摄影比赛或拍摄商业广告，应选择高画质；如果是平日发到网站或个人空间，则选用中低画质即可。用户可以进入 MENU（功能）菜单，通过图像画质选项进行设置。下图为佳能相机图像画质设置选项。

图像画质设置选项

二、文件格式

大部分的数码单反相机提供了 3 种照片文件的格式：RAW、JPEG 和 TIFF 格式。按图像大小来讲，TIFF 格式占用的空间最大。

1. RAW 图像格式

RAW 是未经处理也未经压缩的格式，可以把 RAW 概念化为"原始图像编码数据"或更形象地称为"数码底片"，它是感光元件记录的原始感光数据包。当拍摄完毕后，需要将 RAW 格式的照片导入计算机，用专业软件加以转换、编辑后才能使用，常用的处理软件有 Photoshop、Aperture 等。RAW

格式像 TIFF 格式一样，是一种"无损失"的数据格式。RAW 格式相比其他格式的最大优势在于，它可以对数码照片的原始信息进行修改，包括对比度、色温值、曝光补偿、清晰度、白平衡等，它保留的是"原汁原味"未经处理的数据。

2. JPEG 图像格式

JPEG 图像格式全称为 Joint Photographic Experts Group，文件扩展名为 .jpg。JPEG 是一个可以提供优异图像质量的文件压缩格式，可以存储在很小的空间里，并且具有很好的兼容性，几乎所有软件都可以识别。相比于其他的图像格式，JPEG 可以节省很大一部分的存储卡空间，缩短了相机内部处理和存储的速度。对于大多数摄影者来说，低压缩率（高质量）的 JPEG 图像格式是一个不错的选择。

3. TIFF 图像格式

TIFF 图像格式全称为 Tagged Image File Format，扩展名为 .tiff。TIFF 格式能够保持原有图像的所有颜色和层次。在存储过程中，它能做到完美、无损，但是占用的存储空间非常大，主要应用于对画质要求很高的商业展示以及出版行业。

三、照片风格

照片风格的设置功能，就像是用户选择不同的胶卷一样。为了适应不同的拍摄对象或场景环境，尽可能地减少后期制作的工作量，数码单反相机提供了许多照片风格供摄影者选择。照片风格的设置可以在 MENU（功能）栏中的照片风格（佳能用户）或设定优化校准（尼康用户）中进行设定。下图是佳能相机照片风格的设置选项。

照片风格设置选项

照片风格 1

1. 自动（Auto）

相机自动分析拍摄场景，调整适合的色调。特别能将蓝色、绿色和夕阳的红色等拍得鲜艳、生动。

利用自动照片风格拍出的云朵更显生动

2. 标准（Standard）

标准模式是数码单反相机的基本色彩风格，能够适应大部分的被摄对象。因为其色彩饱和度和锐度都相对较高，很多情况下，可以省去后期加工直接出片。

利用标准照片风格拍的静物

3. 人像（Portrait）

人像模式下能够表现女性和儿童肌肤色彩以及质感。使用人像模式拍摄时，相机会根据人像拍摄的需要选择合适的快门与光圈，达到虚化背景的效果。相对于标准模式，人像模式不仅能让肌肤看起来更柔滑，还能让肌肤呈现明亮的粉红色。

人像模式更显女性的细腻肌肤

4. 中性（Neutral）

中性模式下的对比度与色彩饱和度较低，和其他照片风格比起来不容易产生高光溢出和色彩过饱和的情况。该设置适合明暗对比强烈的拍摄环境，为后期创作留下了很大空间。

利用中性照片风格拍摄作品

5. 可靠设置（Faithful）

可靠设置模式可以获得在标准日光下被摄体的实测色彩，真实呈现物体的色调，比如商品和动物的毛色拍摄等都可以用可靠设置。

利用可靠设置照片风格拍出的水果

6. 风光（Landscape）

风光模式是适合拍摄风景的照片风格。使用风光模式进行拍摄时，相机会根据实际风光的需求，设置合理的光圈与快门组合，制造大景深的效果，即使是远景也能清晰呈现。锐度和对比度都比较高，能鲜明地将树木的绿色和天空的蓝色表现得很浓郁。

利用风光照片风格拍摄的景色

7. 单色（Monochrome）

单色模式和使用黑白胶卷拍出的色调类似。不单是把彩色照片灰度化，更有着和黑白胶片类似的深度，还可以设置为褐色、蓝色、紫色、绿色等色调效果。

利用单色照片风格带有艺术韵味

 小贴士

照片风格也可以从单反相机的官方网站下载并进行追加，例如"怀旧""清晰""黎明和黄昏""翠绿""秋天色调"等照片风格。追加方法可参照官方网站上的使用说明，希望大家根据不同的场景灵活运用照片风格。

2.2 数码单反相机的拍摄参数设置

数码单反相机的拍摄常用参数所包含的光圈大小、快门速度和感光度等，这些参数的调整对于一幅摄影作品最终的呈现至关重要。

2.2.1 光圈

光圈位于镜头内部，由重叠的扇形金属薄片组成，中间部分有一个圆形口，光圈的大小就是通过调整叶片的位置来实现，像人的瞳孔一样。光圈的大小，决定着镜头进光量的多少。光圈 F 值 = 镜头的焦距 / 镜头光圈的直径，光圈的 F 值越小，光圈开得越大，在同一时间内进光量就越多，适应不同光线环境的拍摄能力也越强。完整的光圈挡位依次为 F1.4、F2.8、F4、F5.6、F8、F11、F16、F22、F32，每级挡位之间相差 1.4 倍。

光圈

f/2.8

f/5.6

f/16

光圈越大，进光量越多；光圈越小，进光量越少

1．大光圈（F1.2~F4）

大光圈可以突出主体物、虚化前后背景，最明显的例子就是拍摄人像。摄影者在拍摄人像时，如果背景较为杂乱，会影响观者的视线，分散注意力，这时采用大光圈能够较好地虚化背景，将视线完全集中在人的身上。如果在弱光环境下拍摄，没有足够的进光量将会拉低快门速度，为了保证画面质量，摄影者除了使用三脚架外，还可以采用大光圈，以便保证画面的拍摄质量。同理，使用大光圈可以提高快门速度，适用于运动物体的拍摄。

大光圈将背景虚化，突出主体　快门速度：1/1000s 光圈：F1.8

2. 中等光圈（F4~F8）

使用中等光圈时，图像的成像质量最好。例如，在拍摄旅游纪念照时，使用中等光圈，能够很好地兼顾被摄人物主体和背景的清晰度。所以在拍摄适度清晰范围的画面时，使用中等光圈拍摄最为合适。

中等光圈兼顾背景和主体　快门速度: 1/80s 光圈: F8

3. 小光圈（F8~F32）

小光圈相比大光圈、中等光圈来说，可以获得更大的景深和更好的成像品质。在拍摄风景照片时，需要画面中的景物清晰可见，摄影者可以采用小光圈来精确表现风景的全貌。如果遇到涓涓流水或者宏伟的瀑布，应采用比流水速度更低的快门和小光圈，以体现流水通透、流畅的质感。

在城市中拍摄夜景时，需要使用小光圈，放慢快门速度，才能拍出路灯的星芒以及行车的轨迹。

小光圈拍摄风光样片 快门速度: 1/127s 光圈: F11.3

小光圈拍摄夜景 快门速度：3.2s 光圈：F14

快门速度 1/400秒

快门速度 0.5秒

小光圈拍摄流水对比图

2.2.2　快门速度

　　控制进光量的第 2 个因素是快门速度。在拍摄时，可以先通过半按快门激活自动对焦，再完全按下快门拍摄照片。快门速度表示快门从开启到关闭的时间，单位为 s（秒）。和光圈一样，快门由慢到快的挡位依次为 30s、15s、8s、4s、2s、1s、1/2s、1/4s、1/8s、1/15s、1/30s、1/60s、1/120s、1/250s、1/500s、1/1000s、1/2000s、1/4000s、1/8000s 等。对于大多数的数码单反相机来说，30s是能直接设置的最慢快门速度。长于 30s 的曝光，需要选择 B 门。当曝光时间过长时，为了避免相机震动而造成的成像模糊，可以使用快门线。

快门

一、快门的工作原理

　　为了保护相机内的感光元件不至于曝光，快门是一直关闭的状态。单反相机的帘幕式快门，由前帘和后帘组成。如下图所示，设定好快门速度后，按下相机的快门释放钮，相机会在快门开启与闭合的时间内，让通过镜头的光线使相机内的感光元件获得正确的曝光。

快门工作原理

二、影响快门的三大要素

1. 感光度

感光度的增加或减小，都会影响到感光元件对光线的敏锐度，从而影响快门速度。所以感光度如果从 ISO100 增加到 ISO200，敏感度提高，快门速度会随之增加一倍。

2. 光圈

与感光度同理，光圈提高一挡，进光量增大，快门速度也会随之增加一挡。

3. 曝光补偿

曝光补偿每增加一挡，快门速度就会降慢一挡，以便有充足的曝光时间来提亮照片。同理，曝光补偿降低一挡，快门速度就会增加一挡。

三、高速快门

如果想要捕捉动态的影像，必须设置成高速快门，才足以拍到想要抓取的动作。一般要拍摄运动中的主体，可以使用较长的镜头，配合高速快门，像 1/500s、1/1000s 等。一般来讲，1/250s 以上就属于比较高的快门速度了，这样的快门速度能够捕捉大部分运动较慢的对象。摄影者也可以将机身的拍摄模式设在 S（快门优先模式），设定好高速的快门速度，使数码单反相机自动调整适当的光圈等，摄影者可以专心构图，确保万无一失。

运用高速快门捕捉冲浪画面　快门速度：1/4000s　光圈：F5.6

四、低速快门

拍摄涓涓流水或瀑布时，一般采用小光圈、低速快门来突出水的质感。并且摄影者在进行运动物体的拍摄时，也可以经常利用低速快门，例如，在追逐主体拍摄时，运用低速快门可以实现主体物清晰而周围模糊的效果等。低速快门不利于手持，必须配合三脚架来稳定机身。

运用低速快门拍摄潺潺流水会产生烟雾的感觉

五、安全快门

安全快门的快门值应不慢于 1/ 镜头焦距。如果你使用的是 70mm 的焦距，快门值 1/70 便可以拍到一张不模糊的照片了。如果设定的快门速度低于安全快门速度，便很容易因为手的晃动，而让画面变得模糊，影响成像质量。另外，还是应该保持自己手的稳定程度，如果手不稳，即使高于安全快门还是会拍出模糊的照片，所以对手握机器还是要强加练习。

要选择高于安全快门的速度，以保证画面的清晰度
快门速度：1/80s 光圈：F7.1 镜头：EF 50mm F1.2L USM

2.2.3 感光度

感光度是控制数码单反相机感光元件光线敏感度的一种量化参数，用"ISO+数字"表示。感光度的数值越高，对光线的感应程度就越高。与光圈、快门速度一样，感光度也是分挡的。正常情况下，感光度从高挡到低挡依次为 ISO25600、ISO12800、ISO6400、ISO3200、ISO1600、ISO800、ISO400、ISO200、ISO100。其中，ISO400 以上为高感光度，一般会具有明显的噪点，如果当拍摄内容比影像质量更重要的时候，我们会选择高感光度来捕捉难得的影像。当然，为了获得最佳的成像质量，摄影者应该尽可能地使用较低的 ISO 值。

感光度

一、感光度与快门速度

感光度与快门速度是成正比的。感光度越高，感光元件对于光线的敏感度越高，拍摄所需要的曝光时间就越短，快门速度越快；同理，感光度越低，感光元件对于光线的敏感度越低，拍摄所需要的曝光时间就越长，快门速度越慢。所以摄影者在拍摄时，在光圈不变的情况下，感光度提高一挡，快门速度就要相应提高一挡；反之，则降低一挡。

左图为 ISO 200，快门速度 1/50s 拍摄　右图为 ISO 800，快门速度 1/200s 拍摄

二、感光度与照片画质

能够根据拍摄条件来自由地改变感光度的数值是数码单反相机的一大特点。当然，摄影者也应该设置合适的感光度与环境匹配，例如，在光线较暗的情况下，除了增大光圈，还可以提高感光度来进行拍摄。不同的感光度对照片的画质也是很有影响的。

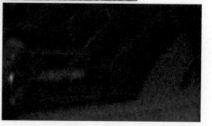

当使用 ISO 80 的感光度时，照片上所有部分的画质显示良好，虽然处于室内拍摄，但是画质堪比室外阳光较好时拍摄的作品。ISO 80 的感光度可以保证在昏暗场景中拍摄的照片也拥有良好的画质。

当使用 ISO 200 的感光度时，与 ISO 80 相比，图像的昏暗部分和中间调部分出现了少许被称作"噪点"的画质降低现象。

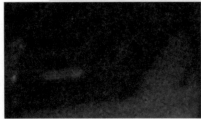

当使用 ISO 800 的感光度时，右侧墙壁较明亮的部分开始出现明显的噪点。而且，昏暗部分由于噪点的影响，图像的轮廓显得有点模糊。如果画面中的关键部分颜色或亮度能让噪点不太明显的话，就不必担心画质的劣化。

当使用 ISO 1600 的感光度时，这时画面整体出现了明显的噪点。噪点引起的画质劣化，使画面中直线和曲线的轮廓变得模糊。

2.2.4 曝光

所谓曝光就是当摄影者按下快门时，光线通过相机镜头照射到感光元件上，产生光电反应，从而使得照片的色彩得到真正还原的通光量，这个过程被称为曝光，而这通光的总量称为曝光量，用 EV（Exposure Value）值表示。

什么是曝光

一、影响曝光的要素

影响曝光的要素有 3 个，分别是光圈、快门速度和感光度。光圈的大小与曝光量成正比，即光圈越大，进光量越多，曝光量就越大；反之，则曝光量越小。而快门速度与曝光量成反比，快门速度越快，曝光量越小；反之，曝光量则越大。感光度的高低决定着感光元件和感光速度的快慢，所以也是影响曝光的因素之一。

二、曝光控制技巧

摄影者在拍摄照片时一般通过控制光圈、快门速度和感光度来控制曝光，那么如何设定光圈、快门以及感光度的数值就成了重中之重。在这之前，摄影者应该先了解曝光值，当感光度的值为 100、光圈为 F1、曝光时间为 1s 时，曝光值为（EV 值）为 0，当快门时间减少一半或光圈下降一挡，曝光量减少，曝光值增加 1。表 2-1 将快门速度、光圈、感光度与量化曝光值相对应，通过表中的数据可以直观地看出，在 ISO100 的情况下，EV 值 = 快门速度 EV 值 + 光圈 EV 值。

表 2-1 快门速度、光圈、感光度与曝光值对应表

快门速度	1	1/2	1/4	1/8	1/15	1/30	1/60	1/125	1/250
EV 值	0	1	2	3	4	5	6	7	8
光圈（F）	1	1.4	2	2.8	4	5.6	8	11	16
EV 值	0	1	2	3	4	5	6	7	8
ISO	100	200	400	800	1600	3200	6400	12800	25600
EV 值	0	1	2	3	4	5	6	7	8

三、曝光补偿

曝光补偿就是在数码单反相机自动曝光的基础上，通过改变曝光值使照片更亮或者更暗的一种曝光调整功能。数码单反相机的曝光补偿调整范围一般为 ±2EV ～ ±5EV，不同机型曝光补偿范围可能会有所不同，摄影者在拍摄时可以根据明暗程度，进行相应的曝光补偿。一般情况下，"+"使拍摄对象更亮，"–"使拍摄对象更暗。以佳能相机为例，操作步骤如下图所示。

选择创意拍摄区模式
转动模式转盘，选择创意拍摄区的模式。

设置曝光补偿
按住曝光补偿按钮，旋转主拨盘进行操作。向右为正补偿，向左为 负补偿。

确认补偿量
可通过取景器或液晶监视器内显示内容对补偿情况进行确认。

调节曝光补偿

左图相机的测光表受背景亮度的影响，拍出来的比实际观察时要暗一些，因此导致皮肤欠缺光泽。右图将曝光补偿向正向移动进行拍摄，人物的肌肤具有与实际效果相同的亮度，色调也得到了真实还原。

相机自动曝光拍摄的示例　　　+0.7EV曝光补偿拍摄的示例

曝光补偿使人物更加亮丽

四、闪光曝光补偿

大多数的数码单反相机上都会配备一个内置闪光灯，闪光灯经常用来在昏暗并且光线不足的情况，为拍摄对象补光。闪光灯的亮度是可以调节的，摄影者可以自己根据环境光来调节闪光灯的亮度，来完成拍摄计划。设置选项如右图。

闪光灯曝光补偿

五、自动包围曝光

自动包围曝光可以用逐渐改变曝光或白平衡的形式进行连拍。自动包围曝光模式的原理在于，在某些情况下，可能很难以选择适当的曝光补偿和白平衡设置，并且也没有时间在每次拍照后检查结果及调整设定，自动包围曝光可以用于在一系列照片上自动更改这些设定，从而"包围"所选的曝光补偿或白平衡设定。

 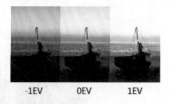

-1EV　　　　0EV　　　　1EV

自动包围曝光设置　　　　　　　曝光补偿效果对比图

2.2.5　测光

在拍摄照片时，应该选择正确的曝光。摄影者可以通过测量拍摄时的光线来计算合适的曝光值，再通过曝光值决定光圈和快门的大小，这个过程就叫作测光。

目前市场上的数码单反相机提供了许多测光模式，比较常见的有以下几种：点测光、局部测光、评价测光（矩阵测光）、中央重点测光等。这是为了正确测量各个拍摄场合的曝光值，以便摄影者根据光线条件等因素选择相应的测光模式。以佳能相机为例，变更测光模式的操作方法如下：按机身背面的 Q（快速调整）按钮显示速控画面，选择"测光模式"的图标，如下图所示。选择所需的测光模式，按 SET（设置）按钮。基本拍摄区模式下不能变更测光模式。

测光方式

设置测光模式

一、点测光

点测光就是对画面中央范围很小的一部分区域进行测光，测量范围占画面的 1% ～ 5%，根据这一区域所测定的光线作为曝光的依据。点测光在光线不均匀时（比如逆光）有着很大的优势，例如在强烈逆光时仅对人物面部亮度进行测光的场景。可以使画面增加细节，不至于太亮或太暗。如下图所示，仅对灰色圆形内的亮度进行测量。

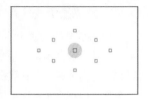
点测光

二、局部测光

局部测光功能是针对佳能相机来说的，它是针对画面的某一局部进行测光，当被摄主体与背景有着强烈明暗反差，而且被摄主体所占画面的比例不大时，运用这种测光方式最为合适，特别是逆光、舞台演出等场景。

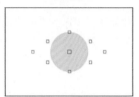
局部测光

三、评价测光（矩阵测光）

佳能的评价测光与尼康的矩阵测光功能基本一致，对于整个画面进行测光，把画面内所有的反射光都混合起来，进行评价。这种模式比较常用，能够满足大部分的拍摄需求，轻易获得比较均衡的画面，但是一些逆光等特殊场面还是需要点测光或局部测光来实现。

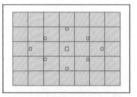
评价测光（矩阵测光）

四、中央重点测光

中央重点测光模式类似于局部测光模式，注重画面中央部分的亮度，同时平衡整体画面的亮度。根据相机类型的不同，画面中央面积所占的比例也不相同，一般占据 20% ～ 30% 的画面。当主体位于画面中心位置时十分适用，是拍摄人像的经典测光方式。

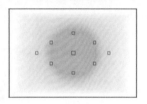
中央重点测光

2.2.6　曝光模式

为了得到正确的曝光量以及满足拍摄者们的各种主观需求，数码单反相机提供了多种曝光模式用以拍摄不同的场景，例如拍摄体育运动需要高速快门，拍摄人像写真需要大光圈突出主体等。曝光模式分为光圈优先（佳能相机拨盘显示为"AV"，尼康相机拨盘显示为"A"）、快门优先（佳能相机拨盘显示为"TV"，尼康相机拨盘显示为"S"）、手动曝光（M）、全自动曝光（Auto）、程序自动曝光（P）。转动模式拨盘挑选挡位即可选择曝光模式，以佳能相机为例，具体步骤如下图所示。

用模式转盘进行变更
用模式转盘来选择相应的模式。仅需对准 AV、TV、P 等位置即可。

用主拨盘改变设置值
在各优先模式下，可使用主拨盘对光圈或快门速度等进行变更。
调节曝光模式步骤

一、光圈优先（AV/A）

光圈优先模式属于半自动模式，佳能相机拨盘显示为"AV"，尼康相机拨盘显示为"A"。指摄影者可以手动设定光圈值，相机根据测光结果自动设置快门速度，从而获取正确的曝光。要注意的是，当使用某个光圈值时，若取景器中的快门速度不断闪烁，说明该光圈值不适用于快门速度范围，为了保证曝光正常，应更改光圈值或感光度。

使用光圈优先模式，摄影者可以在风光摄影中，利用小光圈拍出远近都清晰的美景照片，使细节清晰呈现；在人像摄影中，利用大光圈得到较小的景深，使背景虚化，主体人物得到突出。不论是专业摄影师还是业余摄影者，光圈优先是最容易掌握也是应用最广泛的模式。

使用光圈优先的模式下，小光圈拍摄出远近都清晰的风光照片

使用光圈优先的模式下，大光圈拍出的虚化背景使人物更加突出

二、快门优先（TV/S）

快门优先模式同光圈优先模式一样，属于半自动模式，佳能相机拨盘显示为"TV"，尼康相机拨盘显示为"S"。指的是摄影者可以手动设定快门速度，相机根据测光结果自动设置光圈值，从而获取正确的曝光。

使用快门优先模式，适于拍摄快速移动的物体，并且希望抓拍到瞬间凝固的动作时，或者拍摄强调主体对象动感的画面时。要注意的是，当使用某个快门速度时，若取景器中的光圈值不断闪烁，说明该快门速度不适用于光圈值范围，为了保证曝光正常，应更改快门速度或感光度，并且在使用慢速快门时使用三脚架。

使用快门优先模式，高速快门瞬间凝结运动员的赛跑动作

三、手动曝光（M）

手动曝光是需要摄影者全手动调节光圈、快门速度、感光度、白平衡等相机参数的曝光模式。凭摄影者的经验来判定曝光正确与否，可以帮助摄影者制造不同的拍摄效果。摄影者在影棚拍摄人像，在影室闪光灯工作之前，无法进行自动曝光（快门优先或光圈优先），这样就需要摄影师本人根据经验手动调节快门速度和光圈大小，以达到准确的曝光目的。

手动曝光非常考验摄影者的手动能力，如果想要抓拍一些景象，需要多加练习才可以在时间允许的情况下拍到想要的画面。

影棚中手动曝光展示景物细节

四、全自动曝光（Auto）

全自动曝光模式是一种智能化的拍摄模式，指的是由相机来决定曝光方面的设定，包括快门速度、光圈、感光度、测光模式、白平衡等，摄影者不能设置任何相机参数，只要专注于构图、对焦即可。比较适于抢拍、抓拍，在节省手动操作的情况下，可以让照片达到较为标准的曝光。

全自动曝光拍摄的室外场景

五、程序自动曝光（P）

程序自动曝光模式相较于全自动模式，在保持自动性能的同时，还提供了更多手动调整功能。除了光圈和快门速度自动设定外，其他像测光模式、曝光补偿、感光度、白平衡都可以进行手动设置和修改。比较适合初学者在面对相对复杂多变的环境时拍摄，避免出现局部区域曝光不足或者过曝等问题。

使用程序自动曝光拍摄的美女人像

2.2.7　色温与白平衡

当摄影者使用数码单反相机拍摄照片时，经常会发现照片发生偏色的现象，发生这种现象的原因是由于单反相机的色温或白平衡出现问题而造成的。

一、色温

色温及白平衡

当某束光源发射的颜色，与纯黑体在某个温度下所发射的光的颜色相同时，纯黑体的这个温度就称为该光源的色温，其单位用"K"表示。例如，日落时光的颜色为橙红色，这时的色温较低，大约为 3200K；当太阳升高时，光的颜色为白偏黄色，这时的色温较高，大约为 5400K。色温值越大，光源中所含的蓝色光就越多；色温值越小，光源中所含的红色光就越多。

1. 常见光源的色温

常见光源的色温如表 2-2 所示。

表 2-2 常见光源的色温

光源	色温
白炽灯	3000 ~ 3200K
荧光灯	2700 ~ 7200K
闪光灯	5400 ~ 5800K
日光	5100 ~ 5500K
阴天	6000K
黄昏	2000 ~ 3000K
日落	2000 ~ 3000K
蜡烛	1800 ~ 2000K

2. 色温与气氛营造

光源显示的色温不同，光的颜色也不尽相同。色温在 5000K 以上，光的颜色显示为带蓝的白色，给人以清爽、平静的感觉；色温为 3000 ~ 5000K，光的颜色为中间白色，给人以明快、大气的感觉；当色温在 3300K 以下时，光的颜色为带红的白色，给人以温暖、活跃的感觉。

3. 色温对人眼和相机的影响

人的眼睛会受到光线颜色的影响，例如处于红色光源的环境时，会发现物体偏红的现象等，但是这些不会影响人们对物体本身颜色的认知，因为人的大脑会根据以往的认知判断出物体的真实颜色。

相比较人眼来说，相机不能判断物体本身的颜色，如果色温设置偏色，相机就会记录下偏色的影像。

二、白平衡

数码单反相机具备的白平衡功能，使相机纠正不同光源下的色彩变化，用以纠正偏色的照片。数码单反相机比较常见的白平衡有：自动白平衡、日光白平衡、阴天白平衡、阴影白平衡、钨丝灯白平衡、白色荧光灯白平衡等。

1. 不同光源类型下的白平衡

佳能相机在不同光源下的白平衡模式如表 2-3 所示。

表 2-3 佳能相机在不同光源下的白平衡模式

模式	图标	色温范围	适用环境
自动	AWB	3000 ~ 7000K	可对光源的特有颜色进行自动补偿。对多种混合光源也有补偿效果，通常情况下选择自动白平衡即可
日光	☀	5200K	在晴天日光下进行正确显色。可用于室外拍摄的白平衡，用途广泛
阴天	☁	6000K	用于没有太阳的阴天。比阴影模式的补偿力度稍小一些
阴影	🏠	7000K	在晴天室外日光阴影下进行正确显色，在晴天日光下使用时，色调会略微偏红
钨丝灯	💡	3200K	对钨丝灯的色调进行补偿的白平衡，可抑制钨丝灯光线偏红的特性
白色荧光灯	🔆	4000K	对白色荧光灯的色调进行补偿的白平衡，可抑制白色荧光灯光线偏绿的特性

续表

模式	图标	色温范围	适用环境
闪光灯	⚡	自动设置	对偏蓝色的闪光灯光线进行补偿，补偿的倾向与"阴天"非常近似
用户自定义	🖐	2000 ~ 10000K	事先对现场的光线进行测量，拍摄白色或灰色的被摄体，然后用该数值进行补偿的白平衡，没有特定的补偿倾向
色温	Ⓚ	2500 ~ 10000K	色温是表示色光波长的数值，白平衡中的色温模式是输入相应光源的色温数值来确定白平衡，采用色温模式需要使用专用的色温表。有些机型未搭载此白平衡模式

尼康相机在不同光源下的白平衡模式如表 2-4 所示。

表 2-4　尼康相机在不同光源下的白平衡模式

模式	图标	色温范围	适用环境
自动	AUTO	3500 ~ 8000K	可对光源的特有颜色进行自动补偿，对多种混合光源也有补偿效果，通常情况下选择自动白平衡即可
晴天	☀	5200K	在晴天日光下进行正确显色，可用于室外拍摄的白平衡，用途广泛
阴天	☁	6000K	用于没有太阳的阴天，比阴影模式的补偿力度稍小一些
背阴	🏠	8000K	在背阴使用时，色调会略微偏红
白炽灯	💡	3000K	对白炽灯的色调进行补偿的白平衡，可抑制白炽灯光线偏红的特性
荧光灯	▦	2700 ~ 7200K	对荧光灯的色调进行补偿的白平衡，可抑制荧光灯光线偏绿的特性
闪光灯	⚡	5400	对偏蓝色的闪光灯光线进行补偿，补偿的倾向与"阴天"非常近似
手动预设	PRE	手动设置	事先对现场的光线进行测量，拍摄白色或灰色的被摄体，然后用该数值进行补偿的白平衡，没有特定的补偿倾向
选择色温	Ⓚ	2500 ~ 10000K	色温是表示色光波长的数值，采用色温模式需要使用专用的色温表。有些机型未搭载此白平衡模式

　2. 设置白平衡

　　当光线环境很复杂、使用自动白平衡或者预设白平衡都无法校正照片色偏的时候，部分相机还提供了手动调节色温的选项。使用这种模式，可以通过色温值更加直接地来调节照片的色调，下图是以尼康相机为例设置的过程。手动预设白平衡可以自定义一种新的预设白平衡的模式。使用该模式一般需要先让相机拍摄一张白纸或者灰卡纸来设置。

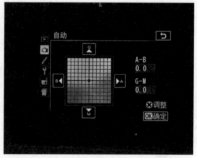

手动调节色温

手动预设白平衡

2.2.8 对焦区域和对焦点选择

对焦区域和对焦点的选择

对焦也叫对光、聚焦。通过改变相机镜头内的透镜与感光元件之间的距离，使被拍摄物体成像清晰的过程就是对焦。通常数码相机有两种对焦方式，自动对焦和手动对焦。熟练掌握对焦操作，是拍摄优秀作品的基础。

一、自动对焦（AF）

1. 自动对焦类型

自动对焦有单点自动对焦模式、人工伺服自动对焦模式和人工智能自动对焦模式。

将相机设置为"单点自动对焦模式（ONE SHOT）"，可以将焦点聚焦在场景的重要细节上面，也比较利于摄影者拍摄静止的对象，例如人像、风景等。但是当拍摄的物体会连续运动，并且距离会发生变化的时候，选择"人工智能伺服自动对焦模式（AI SERVO）"更利于抓拍到想要拍摄的物体，例如拍摄汽车、运动员等。当拍摄对象时而动时而静的时候，可以采用"人工智能自动对焦模式（AI FOCUS）"进行对焦拍摄，可以展现出拍摄对象动静的状态变化，将动静不一的主体清晰记录下来，比较适于拍摄儿童、动物等。

采用区域自动对焦，跟踪对焦对象保证画面清晰　　　　采用单次自动对焦拍摄模特

2. 自动对焦设置步骤

以佳能相机为例，按下 Q（快速控制）按钮显示速控画面，选择自动对焦操作（默认设置为单次自动对焦），再次按 Q（快速控制）按钮。利用十字键的左右按钮选择自动对焦操作后，按 Q（速控）按钮，如下图所示。

自动对焦设置

二、手动对焦（MF）

手动对焦是通过人工转动对焦环来调节相机镜头，从而实现清晰对焦的一种方式，这种方式很大程度上依赖人眼对对焦屏上影像的判别、拍摄者的熟练程度和拍摄者的视力。

1. 手动对焦适于选择的场景

在一些特殊情况下，使用手动对焦会更加利于相机聚焦于拍摄物体。例如在对比度不明显或弱光的环境下，自动对焦往往会失效，无法完成合焦，这时需要手动对焦来完成影像的拍摄。在微距摄影中，往往需要精确地对准焦点，但是画面的清晰范围很窄，自动对焦是非常困难的，这就需要采用手动对焦，使被拍摄物体完全合焦。

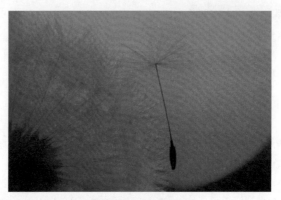

使用手动对焦拍摄微距场景

2. 手动对焦的设置步骤

（1）切换为手动对焦

将镜头上的对焦模式开关置于"MF"。安装镜头时，需要从下图 MENU（菜单）的"对焦模式"中选择"MF"。

切换为手动对焦

（2）实时显示拍摄时进行放大显示

按下机身背面的实时显示拍摄或短片拍摄按钮开始实时显示拍摄。按下放大按钮，或触摸画面右下的放大镜图标，如下图所示。

实时放大显示

（3）选择要放大的位置

　　用十字键或触摸液晶监视器移动想要放大的位置。下图可放大画面的状态，利用十字键可将白框移动至想放大显示的位置。如果是支持触控的机型，可直接触摸液晶监视器移动白框。

选择位置

（4）移动放大显示位置

　　移动白框至想要放大显示的位置，该位置将会被放大。再次按放大按钮，或触摸画面右下的放大镜图标进行 5 倍放大显示。

移动放大显示设置

 小贴士

- 5 倍放大显示。①按十字键或触摸液晶监视器上的三角图标移动放大显示的位置。②成像范围中放大显示在液晶监视器上的部分以白色框表示。5 倍放大显示最初白框部分的状态下，再次按下放大按钮，或触摸画面右下的放大镜图标进行 10 倍放大显示。
- 10 倍放大显示。10 倍放大显示。显示位置不是目标位置时可利用十字键或触摸液晶监视器上的三角图标移动位置。再次按自动对焦点选择 / 放大按钮后恢复 1 倍显示。

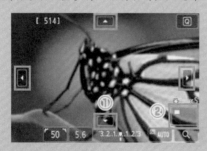
5 倍放大显示

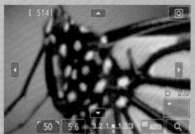
10 倍放大显示

（5）转动对焦环进行对焦。

（6）确认合焦状况。

慢慢转动对焦环切实对焦。放大显示的状态下对焦环稍微动一点儿焦点就会发生变化，需要谨慎操作。

转动对焦环

确认对焦情况

2.2.9 景深

景深是指在相机前取得清晰图像的成像后，根据图像所测定的被摄物体前后距离范围。即在聚焦完成后，拍摄对象和前后的景物之间清晰的范围，叫做景深。景深可以激发摄影者的创意，产生不同的艺术效果。例如，用广角镜头和小光圈可以获得大景深的效果，比较适合拍摄广阔的风景照，呈现大自然的宏伟壮观。使用长焦镜头和大光圈可以获得小景深的效果，比较适合拍摄人像，利于突出主体，背景会得到很好的虚化。

摄影技巧之景深

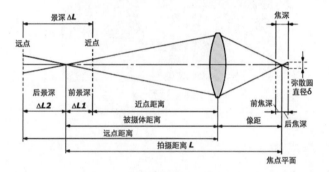
景深原理图

影响景深的因素主要包括以下几个方面。

1. 镜头焦距

景深与焦距的长短成反比，即镜头焦距越长，景深越短。如下图所示，使用 50mm 的镜头和 F2.8 的光圈拍摄，与 200mm 的镜头使用 F2.8 的光圈，景深之间的差异是非常明显的。

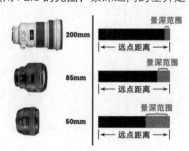
景深与镜头焦距

2. 被拍摄体的距离

景深与被拍摄体的距离成正比，就是说如果离拍摄体越近，景深就会越短。如果距离拍摄体 2m，以 50mm 的镜头和 F2.8 的光圈拍摄，大约能获得 10cm 的景深。用相同的镜头从 10m 远的地方拍摄同一物体，大约能获得 100cm 的景深。

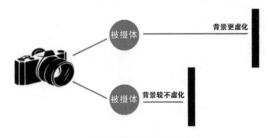

景深与被拍摄物体的距离

3. 光圈的大小

景深与光圈的大小成反比，即镜头的焦距和物体的被拍摄距离都维持不变的情况下，光圈越大，景深就会越短。

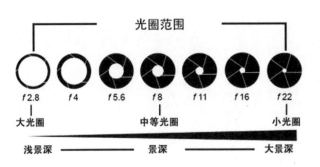

景深与光圈大小

4. 感光元件大小

不同画幅的相机其感光元件的尺寸大小不同，大的感光元件不仅是相机的核心技术，也是高画质的影响因素之一。在设置相同的情况下，感光元件越大，景深越浅，虚化效果越明显。

景深与感光元件

2.3 小结

　　本章主要介绍了数码单反相机的基本参数设置，包括单反相机的初始化设置、图像设置以及光圈、快门速度、感光度等常用参数的设置。通过这一章的学习，摄影者应该掌握基本的摄影常识，并在拍摄作品时能够根据周围环境设置适合的参数。

2.4 思考题

　　1. 怎样设置参数可以将瀑布拍出水流潺潺、烟雾缭绕的感觉?

　　2. 在哪些情况下需要提高 ISO 值?

　　3. 简述四种测光模式的特点。

　　4. 什么是曝光补偿? 在什么情况下需要进行曝光补偿?

3 Chapter

第3章
摄影的基本技巧

"美源于发现"。在平常的事物中发现美，把平常的选题变成不寻常的作品是摄影师的使命。美国著名摄影家安塞尔·亚当斯说："我接触摄影是基于我对环绕在四周的细微景观的信仰"。他用"纯粹"的摄影艺术去表现真实美丽的世界，唤起摄影家对摄影艺术表现特性和伟大潜力的注意。因此，要想成为优秀的摄影师要不断地观察，多练习、多总结，铸造自身的眼力。

[乌] Vadim Stein 摄

3.1 摄影作品的艺术魅力

什么样的作品才算是优秀的摄影作品？如何评价一幅摄影优秀作品？尽管人们评价摄影作品的标准千差万别，但优秀的作品还是能够从众多的作品中脱颖而出的，因为一幅优秀的作品一定存在其内在的魅力。

[中] 谢海龙 摄
这幅作品不仅成为希望工程的标志，而且成为了一段历史的缩影，感动了许多人的心灵。

这种魅力主要来源于 3 个要素。

1. 一个鲜明的主题

无论是拍摄自然风光，还是拍摄人们的日常生活，好的摄影作品一定会有一个鲜明的主题。这个主题就是要把摄影师对于自然的热爱，对于人与人之间的情感通过作品表达出来。

摄影师创作作品时，也就是在取景构图、按下快门的一瞬间，总是有一种想法，这种想法就是摄影的主题。但是将这种想法通过镜头彻底地表现出来，则是非常困难的，而好的作品一定能使这个主题鲜明地呈现在画面上。

[美] KATHLEEN DOLMATCH 摄

2. 符合一定的技术标准

一幅好的摄影作品必须符合一定的技术标准。曝光正确、构图完整、画面简洁，这些都是一幅好作品应该达到的基本技术指标。面对同样的画面，使用同样的相机，有的人总能描绘出美丽动人的景象，而有的人拍出的照片却一塌糊涂。掌握摄影技术，使自己的作品符合一定的摄影技术标准，是拍摄好作品的前提。

[德] Heiko Gerlicher 摄

3. 能引起人们的共鸣

一幅好的作品首先应该感动自己，然后才能感动别人。英国著名摄影师唐·麦卡林对摄影做了精辟的总结：“摄影不是用眼睛去观察，而是用心灵去感受。摄影师如果在镜头前无动于衷，那他的作品也不会让观众感受到心灵上的震撼。”

[美] Steve McCurry 摄

摄影艺术的魅力在很大程度上是自然而然、毫无做作的瞬间随意性，而这种看似随意性的瞬间表现，恰是摄影艺术具有独特魅力的根本原因所在。照相机镜头记录的是流动过程的某个瞬间凝固，摄影的瞬间性对于摄影起着绝对性的作用。一般来说，每一个造型和场面都必须在瞬间发现并于瞬间完成。

摄影的这个“决定性瞬间”，有力地证明了摄影的灵活性和随意性，构成了摄影最突出的特性。但并不意味着摄影就可以任意而为、草率处理，相反摄影师应该有更深厚艺术底蕴、更高的基本功和现场技能基础，只有这样才能随心所欲、自由发挥，达到瞬间的随意性。

3.2 画面的主体表达

摄影构图之框架构图

在拍摄之前，摄像师心里要像绘画前那样首先"立意"，确定画面的主次定位，然后运用一定的画面元素对摄影主体进行准确表达。一幅摄影作品的画面大体可以分为四个部分：主体、陪体、环境和留白。

3.2.1 直接突出主体

主体是摄影者用以表达主题思想的主要部分，是画面结构的中心，也是画面的趣味点所在，应占据显著位置。它可以是一个对象，也可以是一组对象。而其他元素，都是为了烘托"主体"而存在的，可以统称为"陪体"。所以，分析一张作品，主要分析"主体"和"陪体"的关系表现如何，这是评价作品的重要指标。可以说没有主体的画面不能被称为一幅完整的摄影作品，让被摄主体充满画面，使其处于突出的位置上，再配合适当的光线和拍摄手法，使之更加醒目。

[日] Takashi Nakagawa 摄

摄影中突出主体的方法主要有以下几种。

（1）以特写的方式来表现、突出主体。

（2）将主体配置在前景中，这样不仅能够突出主体，还能为画面摄取更多的元素。

（3）利用在影调或者是色调上，与主体有鲜明对比的背景来衬托主体。

（4）利用明亮的光线来强调主体。

（5）虚化背景，进一步突出主体。

（6）利用汇聚线等具有指向性意义的客体向主体汇聚，起到一定的视觉指向性。

（7）把主体设置在画面中心、稍微偏左或偏右的位置（黄金分割点处）。

（8）利用一定的拍摄角度来突出表现主体。

3.2.2 构造画面情节

陪体是指在画面上与主体构成一定的情节，帮助表达主体的特征和内涵的对象。通俗地讲，陪体的主要作用就是给主体做陪衬，如果说主体是一朵红花，那么陪体就是绿叶。由于有陪体的衬托，整幅画面的视觉语言会更加生动、活泼。

陪体与主体一起构造画面情节时要注意以下几点。

（1）陪体主要是深化主体内涵，在表现的过程中，不要喧宾夺主，主次不分。

（2）处理好陪体，实质上就是要处理好情节，所以在陪体的选择上，要注意是否对主体起到一定的积极作用，不能生搬硬套，游离于主体之外，使画面失去原有的意义。

[波] Magda Wasiczek 摄

（3）陪体有直接表达和间接表达两种，有时陪体不一定要在画面中表现出来，在画外同样可以与主体一起构造画面情节。

（4）陪体要充分利用主次、大小、前后和明暗等关系来衬托主体。

3.2.3　用环境烘托主体

在摄影画面中，由于摄影者经过大脑的选择，就产生了主体意识。有些元素是作为环境的组成部分，对主体、情节起一定的烘托作用，以加强主题思想的表现力。这时的主体不一定要占据画面的大部分面积，但会占据比较显要的位置。对于处在主体前面的、作为环境组成部分的对象，称之为前景；对于处在主体后面的，称之为背景。前景和背景是作品的有机组成部分，可以突出主体、增加作品空间感和深度感的效果。对前景的合理利用和背景的正确处理，是摄影作品成败的重要因素。正确地利用前景和背景进行拍摄，可以使摄影作品的景物和谐统一并富于艺术感染力。

一、前景的合理利用

所谓前景必定是画面主体前面的景物，也是画面空间距离视点较近的景物，因而前景可以显示出与主体之间的距离和层次。前景具有距照相机镜头近、成像比例大、影调深重、连接画框处较多等特点。

对前景的合理利用，是提升作品视觉效果的有效手段。它可以美化画面，增强画面的空间深度感，并有助于画面的视觉均衡，引导观看者视线并有力地渲染作品的主题。恰当地利用前景，主要指前景在画面上发挥如下 3 个作用。

风光摄影中前景的运用

1. 形成视沉空间

视沉空间就是画面的立体感比较强，给人一种凹凸有致的视觉感受。拍摄雨景、雾景等朦胧的景色，往往缺乏纵深感，如果结合近景，哪怕仅仅是一丛小草、一块山石、一枝树桠，就可反衬出画面中其他景物的深远。

[日] Takashi Yasui 摄

2. 均衡画面布局

在一般情况下画面都需要一定的空白，可以是白、灰、黑单一色调背景的无景物处，也可以是天空、水面、地面等同一色调的空旷处，其作用是调节画面结构布局，使其疏密有致，甚至可以蕴蓄意境。但一定要把握好其中的度，若空白太多，不仅有空旷感，还会导致画面失重，因此可以适当摄入某些前景，用以填补空白，使画面布局均衡协调。

3. 具有装饰美感

在拍摄物体的过程中可以利用一些景物来衬托主体，如在画面一角摄入一枝花或几枝芦苇作为前景，虽属点缀性质，但也可以起到美化画面的作用。

[日] Hiroki Inoue 摄　　　　　　　　　　　　　[英] Cansu Ozkaraca 摄

二、前景的表现与处理手法

1. 虚化前景

虚化前景是运用景深原理，采用最小景深聚焦，或是运用长焦镜头景深小的原理，通过虚实对比突出主体，排除对主体的干扰，以虚衬实、点明主题。

[美] Mia Minor 摄

2. 实化前景

实化前景可以使主体得到呼应，增强画面上的层次和变化。实化前景一般都与主体在内容上、结构上产生内在的联系，对主体起着重要的说明、点缀、美化等作用，特征是前景、季节式前景、地方式前景、框式前景、空间式前景等都应进行实化处理。

[中国香港] Anthony Lau 摄

3. 夸张前景

为了使画面富有多样性的变化，增强画面空间深度，在视觉效果上赋予刺激性、增强对比度和透视效果，可以用广角、超广角镜头甚至鱼眼镜头，使前景加大、夸张变形，产生特殊艺术效果。

[希腊] Vassilis Tangoulis 摄

4. 遮挡式前景

遮挡式前景是利用重影调的景物当前景，多藏少露，减少对主体过多的笔墨描写，使主体更加突出。

[印度尼西亚] Teuku Jody Zulkarnaen 摄

三、背景的正确处理

背景是指在画面中主体后面的景物，同前景等陪体一样，首要的职能应是有助于突出表现画面主体。背景同主体的有机结合，直接关系到画面的结构与主体的造型，起到点缀主体、丰富深化主体内涵、向人们交代主体所处的环境和启发观众想象的作用。

在摄影过程中，摄影者对背景的选择应注意三个方面：一是抓特征，二是力求简洁，三是要有色调对比。

[孟加拉] Ashraful Arefin 摄

背景空间对画面的统一感有着深远的影响，为使画面造型具有艺术化的特定效果，背景的处理可以根据需要而变化。

1. 净化背景

运用逆光等光线的变化使背景隐藏在阴影中，或在雾天、雪天拍摄，删繁就简，形成单一色调的背景，达到一种简单大方的效果。另外，以高角度俯拍平面感强、整体感强的景物作背景也可以避免背景过于杂乱，达到净化背景、突出主体的目的。

[法] Alexandre Deschaumes 摄

2. 淡化背景

淡化背景时，背景部位的人、物、景呈现为浅淡的影调，要达到这种效果，可以放大照片时实行遮挡曝光，使背景影像曝光不足而淡化，也可以借助空气透视作用或者利用浅色纱幕遮住陪体。

[德] Ines Rehberger 摄

3．暗化背景

为了突出效果，常常会选择幽暗、浓重的影调做背景，或使背景影像曝光过度而暗化，也可以使画面主体照明充足，背景陪衬照明不足，利用光线差异来突出主体。

[西班牙] Diego Arroyo 摄

4．虚化背景

运用镜头的焦点和景深原理使背景部位虚化模糊，使视线集中到画面主体上来。如利用大光圈、长焦镜头景深小的特点使背景虚化，或利用追随法使动的主体实化，背景虚化，也可以在放大照片时实行遮挡套放，使背景影像的投影调焦不实而虚化。

[法] Cansu Ozkaraca 摄

5. 美化背景

美化背景是指选择图案形状或者蕴含节律感的景物为背景，如利用层层台阶衬托人物特写，或利用粼粼波光衬托一叶轻舟，起到美化背景的作用。

[加拿大] Elizabet Gedd 摄

3.2.4 画面留白

留白，从字面上理解，就是指留有空白，留下空余的空间。摄影的留白包括画面中除实体对象以外的一些空白部分，如干净的天空、路面、水面、雾气、草原、虚化的景物等单一色调的背景，重点是简洁干净，没有什么实体语言，不会干扰观者视线，能够突出主体。摄影中的留白更多的时候表现为一种取舍的过程，即如何将画面中许多的干扰因素剔除出去，使主体更醒目，使画面看上去更加简洁有力、富有意境和视觉冲击力。留白对于画面主要有以下 4 个方面的作用。

1. 简洁画面

简洁是留白带给画面最直接的一种效果，因为留白的目的之一就是要画面变得简洁，并更具表现力。当主体的周围多是些"空白"的景物，只有主体作为实体而富有表现的细节和形象时，它的视觉中心地位是绝不会有任何挑战的，而且画面也在留白所构置出来的简洁中给人一种利落、纯净的感觉。

[德] Kilian Schönberger 摄

2. 帮助写意

在一幅画面中，当留白的面积大于实体面积时，画面在表现的倾向上就会发生微妙的变化——由写实向写意转变，这在许多富有诗情画意的风景摄影中屡见不鲜。富有写意的留白会使画面看起来更富有意境，一种空灵、清秀的韵味油然而生。

[加拿大] John Rollins 摄

3. 帮助写实

写实与写意是相对的，当留白的天平向写实倾斜时——留白的面积小于实体面积，画面就会倾向于写实。留白在画面的作用更多的是对实体的一种衬托，以虚实的对比来强化实体的"实"，使主体的形象和细节得以突出呈现。

[保加利亚] Albena Markova 摄

4. 增加想象空间

留白可以给观者带来想象的空间，这也是"留白"而不是单纯"空白"的意义所在。在拍摄运动性物体时，在主体运动的前方留白，可以使运动中的主体有伸展的余地，加深观者对主体运动的感受。而在拍摄人物时，在人物的视线方向留白，可以使观者的视线随着人物的视线方向得以延伸，增加观者的阅读趣味。

[中] 李可染 摄

3.3 摄影构图

在《辞海》中，"构图"是艺术家为了表现作品的主题思想和美感效果，在一定的空间，安排和处理人、物的关系和位置，把个别或局部的形象组成艺术的整体。在中国传统绘画中称为"章法"或"布局"。摄影构图是指在一定的空间安排和处理人、物的关系和位置，把个别或局部的形象组成艺术的整体。

学习摄影，首先要学习摄影构图，构图是摄影中的大学问。对于初学者来讲，构图就像门槛，只有你懂得了构图，掌握了精髓，迈过这道门槛才算真正进入了摄影的世界。

3.3.1 摄影构图的基本要素

摄影构图就是要研究通过光线、色彩、线条、影调等造型手段，使画面简洁、明了、紧密，达到突出主体的目的，以形成美的表现形式。

1. 光线

在摄影中，通常要求在不失真的情况下进行艺术地再现，注重实景光线的运用，强调真实自然的光效。而艺术类摄影的用光比纪实类摄影要复杂得多，可以根据拍摄内容和题材来适度地调整，进行合理的人工布光处理。

风光摄影的光线

[荷兰] Ivan Maigua 摄

2. 色彩

色彩能够影响我们的情绪，摄影师应在拍摄时，根据主题和内容的需要，选择感情特征明确、相互关系鲜明的色彩，进行恰当、灵活地匹配、组合和运用。

风光摄影中的色彩运用

美国帕卢斯地区的草原风光 [美] Chip Phillips 摄

3. 线条

在构图中，线条的造型美感在很大程度上取决于它与画面框架的相互关系。水平线给人和平、宁静和放松的感觉；垂直线表示高度、动能和力量，能增强威严感和崇高感；斜线能表现动感、力量和方向，容易令人激动；曲线表现优雅、美丽和可爱，是一种轻松愉快的线条，人的眼睛很容易被这种线条引导。这就要求摄影师在拍摄过程中，能够根据被摄主体选择用相应的构图的线条形式更好地反映其本质、传达主题思想和创作意图。

[乌克兰] Yury Bird 摄

4. 影调

在影像构图中安排好明暗配置是非常重要的，把拍摄对象安排在大面积的亮影调中的一小块暗影调位置，或是在大面积的暗影调中的一小块亮影调位置，都能够吸引观众的视觉注意力，有利于表现所要强调的对象或主体。如果画面一侧是很浓重的暗调，而另一侧是很轻淡的明调，适当地调整明暗关系，可以使画面的结构形式稳定、均衡。

人像摄影影调控制

[德] Christian Beirle Gonz á lez 摄

3.3.2 摄影构图的基本原则

一幅好的摄影作品，在构图中要排除或压缩那些可能分散视线注意力的内容，做到画面简洁、布局得当、主题明确。摄影构图的基本原则要求是：均衡与对称、对比和视点。

1. 均衡与对称

均衡与对称是构图的基础，主要作用是使画面具有稳定感。稳定感是人类在长期观察自然中形成的一种视觉习惯和审美观念，均衡与对称是一种合乎逻辑的比例关系。对称能使画面有庄严、肃穆、和谐的感觉，但均衡的变化比对称要大得多。艺术讲究的是法无定法，对于摄影师而言，如果能把均衡与对比运用自如，也就掌握了摄影构图的基本要领。

风光摄影构图

人像摄影构图

[乌克兰] Yury Bird 摄

静物摄影构图

2. 对比

对比构图不仅能增强艺术感染力，更能鲜明地反映和升华主题。对比构图的种类各种各样、千变万化，主要有大和小、高和矮、老和少、胖和瘦、粗和细的形状对比；深与浅、冷与暖、明与暗、黑与白的色彩对比以及不同层次的灰与灰对比。在一幅作品中，可以运用单一的对比，也可同时运用多种对比。对比的方法是比较容易掌握的，但是不能生搬硬套、牵强附会，更不能喧宾夺主。

[法] Alexandre Deschaumes 摄

3. 视点

视点是指观察景物的角度，即从何处去观察景物。对于摄影来说，视点便是相机的拍摄位置，当你确定了要拍摄的物件之后，首先要从各个角度对它进行仔细地观察和研究，把从不同角度得到的印象进行比较，从中找出一个最佳视点。而这个视点，便是我们要采用的拍摄位置。

[印尼] Hengki Koentjoro 摄

视点的作用是把人的注意力吸引到画面的一个点上，这个点应是画面的主题所在，但它的位置不是固定的。根据主体的需要，可以放在画面的任何一点上，但不论视点放在何处，周围物体的延伸线都要向这个点集中。摄影画面上只能有一个视点，如果一个画面中出现了多个视点就会造成画面分散，作为观众就不知道摄影者所要表达的主题是什么了。

3.3.3　摄影构图的先决条件

相机的拍摄方向、拍摄高度和拍摄距离是完成摄影构图的先决条件，拍摄方向、拍摄高度、拍摄距离的变化会引起画面构图的变化。在拍摄过程中，首先要对客观事物进行观察、安排和调整，然后根据主题内容，选择合适的拍摄方案，精心设计画面构图。

一、拍摄距离

拍摄距离是指相机与被摄体之间的距离。在拍摄的高度与方向不变的情况下，改变拍摄距离会使画面中被摄体的大小发生变化。相对越靠近被摄体，影像越大，反之缩小。这种变化导致了画面中包括景物的范围改变，称之为景别。

　　景别也就是指摄影画面所包含场景的容量大小，包括从远景到特写的变化。景别的选择和变化是摄影画面构成的重要因素之一，它决定了主体在画面中所占面积的大小，对主题思想的表达有着很大的影响。我们可以根据主题内容及观众视觉心理，来确定被摄体的画面范围，即确定景别。把本质的、重要的、能引起观众注意的内容保留在画面之内，而把其他多余的部分排除在画面之外。

　　景别的划分没有固定的格式和明确的分界线，而是以被摄景物在画面上表现与展示的规模及人们的认知习惯为依据而大致划分的，是与具体拍摄对象的场景相对而言的。影响景别变化的两大因素：一是镜头的焦距，二是拍摄距离。表示景别的常用概念有：远景、全景、中景、近景、特写及大特写。

1. 远景

　　在摄影中，远景展现的是自然界辽阔的景物，被摄景物范围广阔而深远。不仅表现场景中的主要景物，同时也展现具体的环境及其之间的联系，但往往忽略细节的表现。我国古代《画论》中就有"远取其势"之说，因此，远景擅长表现的是整体气势。远景画面的拍摄要点在于"取势"，表现景物的整体气势。在拍摄取景时要大处着眼、大块落墨，把握住画面整体结构，并使其化繁为简，舍弃细部与细节的追求与表现。

[德] Andreas Levers 摄

2. 全景

　　全景表现被摄对象的全貌及所处环境的特征。它的取景范围比远景范围小，主体在画面中完整而突出，并通过具体环境气氛来烘托主体对象。在全景照片中，用光要求严格，一般要采用逆光、侧逆光照明，使主体产生"外轮廓线"，使画面更加统一、完整。既要突出主体，又要处理好主体与环境之间的关系，使其融为一体，相互映照。全景照片的规模和画面容量都是相对的变量，取决于被摄景物"全"的范围大小。

[中] 廖小西 摄

3．中景

中景的被摄景物介于全景与近景之间，表现范围是被摄物或人物主要部位。中景的特点是强调表现人与人、人与物、物与物之间的关系。中景以情节取胜，情节是中景画面主要表达的内容。中景是新闻摄影、人物摄影、生活摄影中最常用的一种景别。

[美] Dotan Saguy 摄

4．近景

近景在于突出表现被摄对象重要部位的主要特征，主要是对人物的神态、特征、表情等细微之处，做具体细微而深刻的刻画，并突出其质感，使其得到细腻的表现。我国《画论》中说："近取其神""近取其质"，要求被摄者达到神形兼备。

[美] Steve McCurry 摄

5．特写

特写较近景的取景范围更进一步缩小，是把被摄景物或人物的某一局部充满画面，使其更集中、突出地再现在画面上，而且要求在神、形与质感上刻画得更加细腻，使之更加传神。特别是通过对社会生活某一事物的高度提炼，强烈地传达摄影师的观点和情感。由于特写减去了多余的形象，大胆的残缺使画面更为简洁，主体形象的面积增大了，随之使形象意义的输出功率也为之增大，观众的感受也大大增强了。

[加拿大] Finbarr O'Reilly 摄

二、拍摄方向

拍摄方向是指相机以被摄对象为中心，在同一水平面上改变拍摄角度，形成了不同的构图形式：正面构图、正侧面构图、斜侧面构图和背面构图等。

1. 正面构图

镜头与被摄物体的正视线基本上成一直线时，所拍摄的画面为正面构图。正面构图易于表现被摄对象正面的基本特征，有利于画面主体与观者面对面的交流，善于表现景物的横线结构，给人一种亲切、平衡、安定和庄重的感觉。但正面构图中只有被摄物的正面，立体感不强，画面之间不能很好地呼应，显得平淡呆板，不善于表现运动特性。

[罗马尼亚] Sabina Dimitriu 摄

2. 正侧面构图

镜头与被摄体的正面成 90°角时，所拍摄下来的画面为正侧面构图。正侧面构图可以突出物体正侧面的特点，并强调物体的线条和方向，有利于表现景物轮廓特征和画面之间的相互交流，能很好地展现物体的运动。

[法] Dimitry Roulland 摄

3. 斜侧面构图

当镜头介于正面和正侧面之间时，所拍摄的画面为斜侧面构图。斜侧面构图中被摄体正、侧两个面的特征表现充分，透视效果明显，具有鲜明的立体感，能生动表现画面中被摄体的呼应关系，又能突出主体，分清主次，把横线条化为斜线条，使画面的动感增强，并有利于空间深度的展现。

[德] Ines Rehberger 摄

4. 背面构图

镜头对着被摄物的背面时，所拍摄的画面为背面构图。背面构图将主体与主体所关注的对象同时表现出来，展示被摄物的背面特征，突出了陪体与环境，能含蓄地表现出内心情感活动和强烈的主观感受。

[意大利] Mattia Passarini 摄

三、拍摄高度

拍摄高度是指改变照相机与被摄物水平线的高低所选择的拍摄角度，对于深化主题，加深作品的思想内涵，都是具有重要意义的。不同的角度产生不同的透视变化，不同的透视变化就产生了不同的画面构图。其中包括：平摄构图、仰摄构图、俯摄构图和顶摄构图，拍摄高度的改变引起了构图的变化，使画面地平线位置的高低，前后景物的可见度和透视度均发生了变化。

1. 平摄构图

这种构图形式是相机镜头与被摄体处在同一水平线时拍摄的，是摄影中常用的拍摄角度，无论视平线高低如何变化，画面中景物的形象是正常的，其竖向的垂直线条仍然是平行的，合乎日常生活的视觉习惯，画面真实感强。平摄构图能够突出主体，给人一种平等、亲切、自然、身临其境的感受。但该构图的弊端则是画面平淡，而且容易产生分割感，不利于表现前后景之间的关系。拍摄时要注意避免被水平线平均分割，但特殊需要例外，如拍摄水平倒影。

[俄罗斯] Elena Shumilova 摄

2. 仰摄构图

仰摄是低于被摄物水平线向上的拍摄。仰视构图竖向的平行线条在画面上方向内汇聚（上梯变），仰拍能升高、突出前景，简化、降低后景。地平线在画面下部或画面之外，天多地少，给人一种雄伟、高昂、正义之感，引起人们昂扬、向上、振奋的情绪，具有强烈的抒情色彩，强调夸张并给人以舒畅的联想和想象余地，属写意手法。以蓝天白云为背景，适合表现高大物体、腾空动作，以及朝气蓬勃的精神面貌和大无畏的英雄气概，还可表现某种仰慕心情或胜利喜悦的环境氛围。

[英] Josh Adamski 摄

3. 俯摄构图

　　俯摄是高于被摄物水平线自上向下的拍摄。俯摄构图竖向的平行线条在画面上方向外倾斜（下梯变），给人一种登高远望的境界和辽阔宽广的感受。俯拍时地平线在画面上部或画面之外，天少地多、层次充分，前后景物都能呈现出来，且前景大后景小，有利于表现画面的纵深感和物体的立体感，适合表现开阔的景色和规模宏大的场面，以及景物的曲线构图。如群众集会场面以及河流、公路的蜿蜒曲折，给人以优美的感觉。但俯拍人物时，则给人以压抑、低沉的感觉。

[英] Martin Turner 摄

4. 顶摄构图

　　顶摄构图是镜头垂直向下拍摄所构成的画面。顶拍构图可以拍摄到平面顶部的全部线条和轮廓，有利于强调平面所有物之间的相互关系，善于表现有特殊布局和图案变化的场面。如航拍地貌，人物、景物都可被充分展现。

[美] Dirk Dallas 摄

3.3.4　常见的构图技巧

　　常见的构图技巧有：九宫格、黄金比例构图、黄金螺旋线构图、三分法构图等，下面我们把常用的26 种构图方法简单地介绍一下。

1. 九宫格构图

　　九宫格构图又称为"井"字形构图，一般认为，是根据黄金分割原理得到的一种构图方式，即将被摄主体放在"九宫格"交叉点的位置上，使整幅画面显得既庄重又不拘谨，而且主体形象格外醒目，"井"字的四个交叉点就是主体的最佳位置。通常情况下，右上方的交叉点最为理想，其次为右下方的交叉点，比较符合人们的视觉习惯，使主体自然成为视觉中心，能突出主体，并使画面趋向均衡。但不应太过受限于规则，还应该考虑平衡、对比等因素，力争使画面呈现动感与变化，使整个画面充满活力。

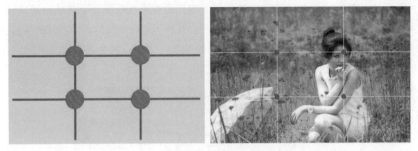

九宫格构图

2. 黄金比例构图

"黄金分割"是一种由古希腊人发明的几何学公式，遵循这一规则的构图形式被认为是和谐的，对摄影师来说"黄金分割"是摄影创作中必须深入领会的一种指导方针。和上面的九宫格构图法类似，其实九宫格构图法就是简化的黄金比例构图法，四个交叉点就是黄金比例点，是图片的焦点和视觉中心。

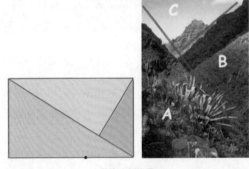

黄金比例构图

3. 黄金螺线构图（斐波那契螺旋）

自然界中最美的神秘法则：1 1 2 3 5 8 13……依次类推，后面的数值都等于前面两个数值的和。同时越靠后临近 2 个数的比值越接近黄金比例 0.618。

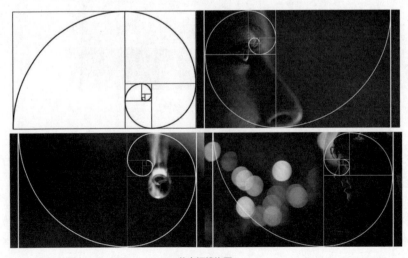

黄金螺线构图

4. 三分法构图

"三分法则"实际上仅仅是"黄金分割"的简化版，它的基本目的就是避免对称式构图，是一个很有用的黄金构图法。三分之一规则是将画面从上到下、从左到右各分成 3 份的四条直线而定，这样的画面可以给人带来宁静、宽大、博大和稳定等感觉。

摄影构图之三分法构图

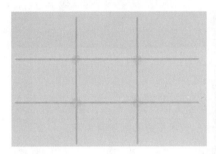

三分法构图

5. 三角形构图

三角形构图是以三个视觉中心为景物的主要位置，有时是以三点成一面的几何形式安排景物的位置，形成一个稳定的三角形。这种三角形可以是正三角也可以是斜三角或倒三角。其中斜三角形较为常用，也较为灵活。三角形构图具有安定、均衡、灵活等特点。

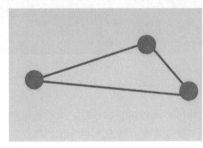

三角形构图

6. 平衡式构图

平衡式构图时画面结构安排巧妙、完美无缺，对应而平衡，给人以满足的感觉。常用于月夜、水面、夜景和新闻等题材。

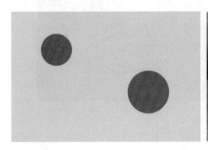

平衡式构图

7. 对称式构图

对称式构图具有平衡、稳定和相对的特点，但其弊端是画面呆板、缺少变化。这种构图常用于表现对称的、特殊风格的物体。

对称式构图

8. 变化式构图

变化式构图时景物故意安排在某一角或某一边，能给人以思考和想象，并留下进一步判断的余地。其特点是富于韵味和情趣，常用于山水小景、体育运动、艺术摄影和幽默照片等。

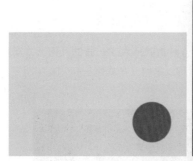

变化式构图

9. 对角线构图

对角线构图是把主体安排在对角线上，能有效利用画面对角线的长度，同时也能使陪体与主体发生直接关系。这种构图富于动感、显得活泼，容易产生线条的汇聚趋势，可吸引人的视线，达到突出主体的效果。

摄影构图之对角线构图

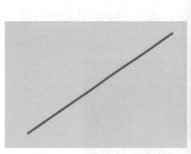

对角线构图

10. 叉线构图

叉线构图时景物呈斜线交叉布局形式，景物的交叉点可以在画面之内，也可以在画面之外。交叉点在画面内时，有类似十字型构图的特点；交叉点在画面外时，有类似斜线构图的特点，能充分利用画面空间，并把视线引向交叉中心，也可引向画面以外。具有活泼轻松、舒展含蓄的特点。

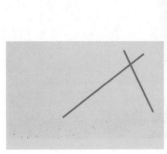

叉线构图

11. 椭圆形构图

椭圆形构图可以形成强烈的整体感，并能产生旋转、运动、收缩等视觉效果。这种构图常用于表现不需特别强调的的主体，而着重表现场面或渲染气氛的画面内容。

椭圆形构图

12. X 形构图

X 形构图时线条或影调按 X 形布局，透视感强，有利于把人们视线由四周引向中心，或者景物具有从中心向四周逐渐放大的特点。常用于建筑、大桥、公路和田野等题材的拍摄。

X 形构图

13. 对分式构图

对分式构图是将画面左右或上下一分为二，形成左右呼应或上下呼应的格局，表现的空间比较宽阔。其中画面的一半是主体，另一半是陪体。该构图常用于表现人物、运动、动物及建筑等题材的拍摄。

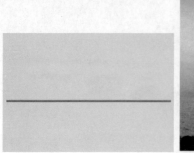

对分式构图

14. 小品式构图

小品式构图是通过近摄等手段，把本来不足为奇的小景物变成富有情趣、寓意深刻的幽默画面。这种构图没有固定的章法，具有自由想象、不拘一格的特点。

小品式构图

15. 紧凑式构图

紧凑式构图是将景物主体以特写的形式加以放大，使其以局部布满画面，具有紧凑、细腻和微观等特点。这种构图常用于人物肖像、显微，或者表现局部细节的拍摄。

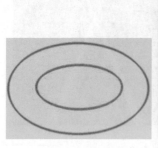

紧凑式构图

16. 水平线构图

水平线构图时具有平静、安宁、舒适和稳定等特点，常用于表现平静如镜的湖面、微波荡漾的水面、一望无际的平川、广阔平坦的原野、辽阔无垠的草原等。

水平线构图

17. 垂直式构图

垂直式构图能充分显示景物的高大和深度，常用于表现万木争荣的森林、险峻的山石、飞泻的瀑布、摩天大楼，以及竖直线形组成的其他画面。

垂直式构图

18. 斜线式构图

斜线式构图可分为立式斜垂线和平式斜横线两种，常用于表现运动、流动、倾斜、动荡、失衡、紧张、危险、一泻千里等场面，也可以利用斜线指出特定的物体，起到一个固定导向的作用。

斜线式构图

19. 十字形构图

十字形构图时画面上的景物、影调或色彩的变化呈正交十字形。此构图能剩余较多的空间，因而能容纳较多的背景和陪体，使观者视线自然向十字交叉部位集中。该构图多用于有稳定排列组合的物体，或者拍摄有规律的运动物体等。

十字形构图

20. S形构图

S形构图时画面上的景物呈S形曲线的构图形式，具有延长、变化的特点，使人看上去有韵律感，产生优美、雅致、协调的感觉。当需要采用曲线形式表现被摄体时，应首先想到使用S形构图。常用于河流、溪水、曲径和小路的拍摄等。

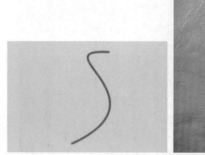

S形构图

21. L形构图

用类似于L形的线条或色块将需要强调的主体围绕、框架起来，起到突出主题的作用。L形如同半个围框，可以是正L形，也可以是倒L形，均能把人的注意力集中到围框以内，使主体突出，主题明确。这种构图常用于具有一定规律、线条的画面拍摄。

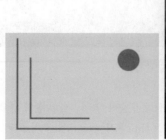

L形构图

22. 向心式构图

向心式构图是主体处于中心位置，而四周景物呈现出朝中心集中的构图形式，能将人的视线强烈引向主体中心，并起到聚集的作用。该构图可突出主体，但有时也可产生压迫中心、局促沉重的感觉。

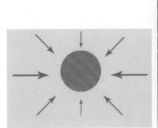

向心式构图

23. 放射式构图

放射式构图是以主体为核心，景物呈现出向四周扩散放射的构图形式，可使人的注意力集中到被摄主体，而后又有开阔、舒展及扩散的作用。这种构图常用于需要突出主体而场面又复杂的场合，也用于使人物或景物在较复杂的情况下产生特殊的效果等表现手法。

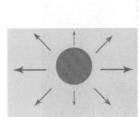

放射式构图

24. 框式构图

框式构图是利用前景物体做框架，框架可以是任何形式。框架与摄影对象形成空间感，这样使观者的视线集中在主体上，让人感觉到层次。

[法] Gilles Alonso 摄

25. 散点式构图

点状物体在我们的生活无所不见。例如天空成群的飞鸟、遍地野花。散点式构图时要注意点状物体之间的虚实疏密关系，要虚实结合、疏密相间。

[美] Mia Minor 摄

26. 封闭式和开放式构图

封闭式构图即通过构图把被摄影对象限定在取景框内，不让它与外界发生关系。这种方法适用表现完美、通俗、严谨的拍摄题材。而开放式构图是指不会刻意把被摄物主体或陪衬物取完整，而是留下不完整的印象，这种方法用于拍摄近景、特写等。

[印度尼西亚] Teuku Jody Zulkarnaen 摄

3.4 剪裁

摄影艺术是用"减法"来经营构图的艺术，需要摄影者对客观景物进行取舍，裁剪成较为简洁、有序的画面。客观景物经常是纷乱无序的，初学者经常不加取舍，包罗万象地拍下来，结果主次不分，显不出趣味的中心。剪裁也是摄影构图重要的艺术手段，是摄影艺术构成中最为独特、不可或缺的二度创作阶段。有时一幅完美的摄影画面是来自于绝妙的、创造性的剪裁。从广义上讲，剪裁贯穿于摄影创作的全过程中，取景时实际上是对客观景物的第一次剪裁，可称为第一次构图，照片剪裁可称为第二次构图。初学者一定要努力锻炼一次性构图的能力，做到不剪裁和少剪裁。与剪裁相关的后期制作，同样是摄影构图的一个特殊手段，通过后期加工与制作，为摄影构图的再创造发挥了特殊的作用。

　　裁切不应该是构图的主力，而是构图的助力，有时候因为镜头焦段、实际距离的关系，或在有所限制的拍摄现场，只能从远处捕捉一些景色，再通过后期裁切来重新构图，弥补前期拍摄的遗憾。

　　1．视觉偏差造成的图片裁剪

　　由于相机取景器的可视范围与图像传感器实际记录的影像范围有差异，一般我们从取景器里看到的范围会小于图像传感器记录的实际范围，这样就把多余的元素也拍入画面。

视觉偏差造成的图片裁剪

　　2．凸显主体

　　构图不是说要让主体把画面充满，这会让人感到窒息。简单的构图则会给读者留下更多思考和想象空间。由于镜头焦距不够，主体很小，画面杂乱且有阴影，但成像质量还可以，经过裁剪后主体更明显，弥补了焦距不够而造成的缺憾。

凸显主体

　　3．突出意境

　　意境，是摄影艺术作品中将摄影家的主观情感与客观物象交融互渗的艺术境界，以及它所表现的艺术情趣、艺术气氛和它们可能触发的艺术联想和幻想的总和，意境实际上包容了摄影作品的情景交融、虚实相生、情韵悠长等含义。

突出意境

4. 增添故事性

不同的构图能带出不一样的视觉感，光是直幅横幅就有一定的差别。

增添故事性

构图能力主要是透过多拍、多思考来提升，但不得不承认，在裁切照片的过程中，也是另一种构图的练习。应该这么说，在拍摄时就要讲究构图，在此前提下，可再尝试其他裁切方式，做出不一样的效果。

3.5 摄影用光

光线对于摄影师的意义就像画家笔中的色彩一样，它对一幅摄影作品起着举足轻重的作用，因此掌握用光技巧，是作为一名合格摄影师的必备技能。

3.5.1 光的作用

光线处理，就是摄影者根据作品主题的要求，运用光线的表现手法塑造人物形象或景物形象，使之达到主题表达所要求的艺术效果，既要完成造型的任务又要完成表象和表意的任务。

[俄罗斯] Elena Shumilova 摄

光线在摄影中的作用，也是从光线的角度理解摄影作品的一种途径。光线在摄影中不仅用来照明被摄物体，它还担负着传递被摄物体的形状、体积、数量、色彩、质感和空间深度感等信息，以及被摄物体影调的明暗配置、画面、气氛和层次等诸多方面，都必须通过光线的效应才能表现出来。所以摄影者不能单纯从表象观察到光，而要在实际的构思中去灵活运用光。

光是摄影的灵魂，正确地认识光线，摸透光的变化规律，了解它所带来的艺术效果，掌握光在摄影中的效应，对光感觉敏锐，在摄影中充分运用光线完善摄影的主题表达，是摄影者应有的本能。

一、光对摄影艺术造型的表现力

摄影艺术是造型艺术，光对摄影艺术造型的表现力起着关键的作用。在摄影中要有"光"的造型意识，调动"光"的造型手段，才能达到它的艺术效果。光线对摄影的造型表现，环境气氛的渲染，思想感情的表达，都有着极其重要的意义。大自然中光是千变万化、复杂微妙的。光的入射方向、角度及强弱，会在摄影造型中带来不同的效果。

[葡萄牙] Paulo Flop 摄

二、光对色彩还原的要素

光在彩色摄影中对色彩的正确还原起着重要的作用。光与色彩有着密切的内在关系，色彩要通过光线的照射才能呈现。总的来说有光才有色，色从光来又与光变。光作用于人的视觉，能使我们感受到那些颜色。在复杂的彩色摄影中，色彩的正确还原和再现是彩色摄影的成败关键。光对色彩能否正确地还原，主要有以下三个要素决定：光源的性质、光位的方向和光线的强弱。

1. 光源的性质

光源的性质对物体颜色的还原影响很大，日光的色温是 5400K，而灯光的色温只有 3200K。在日光与灯光下，物体会呈现出不同的色彩，如红色的物体在日光下看呈鲜红色，在灯光下看就会呈现出品红色或紫色，因为它的光源性质不同，色彩还原就不同。

2. 光位的方向

在同一物体而采用不同角度的光线照射，如直射光与散射光的光线照射的方向不同，物体产生的明暗不同，这也导致了其色彩在还原中产生不同的差别。

直射光源的方向，按光源的投射角度的不同，可分为顺光、侧光、逆光、顶光和底光这 5 种基本的光线类型。

摄影光线之光质

摄影光线之光位

光位的方向

（1）顺光

顺光使被摄物体受光面均衡，能全面表现物体的质感，影调配置主要靠物体本身的色调来完成。顺光拍摄，画面的色彩饱和、鲜艳，但顺光一般不利于表现物体的空间感和立体感，色彩损失大，影调较平淡单调、层次感弱，缺乏起伏明暗的视觉节奏效果，更不宜表现空间感大，物体数量众多的景物造型。

[英] Bella Kotak 摄

（2）侧光

侧光对摄影造型的表现力较强，侧光分正侧光和前侧光两种光线。

从正侧方射来的光成正侧光，正侧光能使物体受光面与明暗面表现明显，画面明暗配置和反差鲜明清晰。

从被摄景物的前侧方射来的光为前侧光，前侧光有利于表现景物的立体感与空间感，画面给人以重量感、调子更加明朗。

侧光下景物的色彩明暗对比强，物体层次丰富，空气透视现象明显，既能表现一定的色彩，又富有质感，有利于表现物体的空间深度感和立体感，是摄影造型效果比较理想的光源。但在运用侧光时要注意受光面与明暗在画面造型中所占比例，通过等待适当的拍摄时间，根据光源投射方向与相机拍摄方向之间的角度变化，调节受光面和阴影面的比例关系。

[乌克兰] Irina Dzhul 摄

（3）逆光

逆光是从景物背后射来的光，分为正逆光与侧逆光，逆光也是富于装饰性的光线，能使同类型群体的景物产生装饰性。主要强调的是被摄体的轮廓线条和背景分离，从而加强画面的立体感、空间感和烘托环境气氛，使画面主体突出、色调统一、背景简洁。逆光摄影画面深沉、凝重、富有情调，在摄影造型艺术中是最富有

摄影光线之逆光剪影

表现力的光，称之为"创意之光"。当拍摄物体的特写或近景时，最好正面运用补光办法，使物体正面的质感更好地表现，曝光则定以正亮度为宜，使造型效果更好。

[德] Ines Rehberger 摄

（4）顶光

顶光是从被摄景物顶部射下来的光线，由于光线从顶部射下，但被摄物凹陷部分形成浓黑的阴影，顶光不适于表现立体感与质感。

[日] Takashi Yasui 摄

（5）底光

底光不属于自然界的光源，常常用来拍摄有特殊需求的效果。

[墨西哥] Jorge Cervera Hauser 摄

3. 光线的强弱

光线的强弱容易使物体颜色的色相、明度、饱和度发生极大的变化，选择光就是选择色彩。黑白摄影是选用不同的明暗和影调层次去表现物体的造型，而彩色摄影是通过色彩的艺术表现物体的造型。黑白摄影讲究其用光，彩色摄影用光更加严谨，光线能造就影调的变化，也能使色彩效果更加生动，富有表现力。在彩色摄影构思和创作中，要了解和分析光源的性质、光的投射方向、光亮度的强弱及光对物体在造型上表现的效果。要调动"光"对色彩的艺术造型，增强艺术的表现力，才能预见画面的色彩效果，创作出生动、感人的艺术作品。

[法] Alexandre Deschaumes 摄

光线可以分为柔光和硬光，硬光是指直射光线，像太阳光、闪光灯、聚光灯都是直射光线，能使物体产生明显的阴影，适于表现阴影浓郁、反差强烈、影调明朗，表达刚强、坚毅、爽朗等题材的拍摄。

[英] Jake Hicks 摄

柔光则是指非直射光线，主要包括扩散柔光、反射柔光等，不产生明显的阴影，适于反差较弱、影调柔和、层次丰富等题材的拍摄。

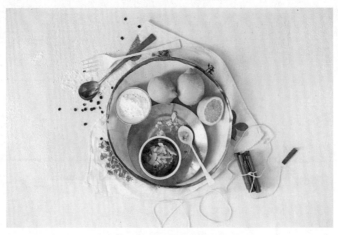

[美] Vanessa Rees 摄

3.5.2　光的性质

摄影中的光线一般分为自然光、现场光和人造光 3 种形式。

1. 自然光

太阳的光照度受着不同季节、不同时刻、不同气候、不同地理位置的影响，一般自然光由红、橙、黄、绿、青、蓝、紫 7 种颜色光组成。

[保加利亚] Albena Markova 摄

2. 现场光

现场光摄影只使用场景中存在的光，而不是户外的太阳光，也不是家用的，诸如溢光灯、闪光灯泡或电子闪光灯之类的人造光源。现场光可以是家用灯光、烛光、壁炉火光或霓虹灯光。还包括舞台上打在演员身上的聚光灯光束，或者透过窗户射入室内的阳光。利用现场光摄影时不干扰周围环境，摄影活动在人们不知不觉中进行，抓拍到人物处于自然状态的情绪，能很好地表现现场气氛，因此利用现场光摄影的作品令人感到真实、自然、亲切。

[加拿大] Benoit Levac 摄

3. 人造光

人造光，顾名思义是由人工造成、具有一定发光特性的各种电光源，被广泛应用于生活的各个领域。相同照度的人造光源，随着与被摄体之间的距离的变化，其强度也产生变化。内景摄影全部使用人造光，外景摄影则以自然光为主，辅以人造光。人造光受客观条件的限制较少，光位的确定、亮度的控制、光影的布置和各种效果光的使用等，都可由摄影师自己来支配。

[美] Maggie West 摄

3.5.3 光源的造型种类

光源的造型种类分为主光、辅助光、轮廓光、装饰光和背景光 5 大类，它们构成了人工光线造型的骨架。此外还有眼神光、效果光、夹板光、顶光和脚光等。

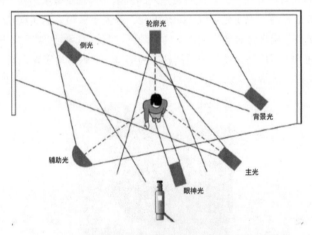

主光、侧光、背景光以及处于其典型位置上的眼神光的灯光布设图

（1）主光也叫"造型光"，主光照亮主体，是最主要的光源，不管有多少个方向的光，主光只能有一个，其他的光都应该为主光服务。如果画面里只有一个光源，在绝大多数情况下，这个光源就是主光。主光可以是多个灯提供的，但是必须是一个光源的效果。

（2）辅助光只是为了照亮阴影部位，提高暗部的亮度，减小光比和反差，因此辅助光的光强不能超过主光。特别需要注意的是，主光和辅助光不要造成"夹板光"。

（3）轮廓光的目的是勾画轮廓，使主体与背景分离，轮廓光打在人物脸上或身上不能过宽，越细、越窄越好。注意，不要让轮廓光进入镜头，轮廓光的光强一般是主光的 1.5~2 倍以上。

（4）装饰光的作用一般是美化画面，或者是强调画面里的某一个或几个细节，并不是每一个镜头里都有装饰光。

（5）背景光的作用同样是使得人物主体与背景分离，有时是为了消除背景上的投影。一般规律是：纯白背景时用背景光，纯黑背景时用轮廓光。

　　光是摄影的根基，摄影艺术是光与影的艺术。摄影创作中的用光是千变万化的、灵活多端的，没有光就不能获得影调，也就不能形成摄影艺术形象。所以在摄影构思中，要有光的造型意识，能正确地认识光线并掌握它的变化规律，充分发挥光在摄影艺术造型中的作用，是摄影者在"光感"修养中的必由之道。

3.6 色彩

摄影中的色彩

　　所谓色彩，就是光从物体表面反射到人的眼睛所引起的一种视觉心理感受。色彩按字面含义上理解，可分为"色"和"彩"，所谓"色"，是指人对进入眼睛的光传至大脑时所产生的感觉，"彩"则是指人对光线多色变化的理解。

[捷克] Karolina Ryvolova 摄

　　当摄影进入了彩色时代后，摄影就不再单纯考虑影调、线条、光线和形状，色彩作为一种主要的因素，越来越受到摄影者的重视。德国艺术家卡尔·谢弗勒在《色彩论》一文中总结道："色彩在艺术中应视为独立的抽象体，艺术家将色彩独立出来，使之具备音符的特征，颜色与线、形一样，是艺术的生动语言，画家自由地运用这种语言表现自己的情感"。

　　色彩知识是一个摄影者必须掌握的一门学问，要善于观测和多加练习，要不断地实践，在实践中积累经验，要达到在拍摄前就知道拍摄后的大体效果，要清楚摄影中色彩的运用是综合素质的体现，切实理解、把握好色彩，充分发挥色彩在摄影中的作用。

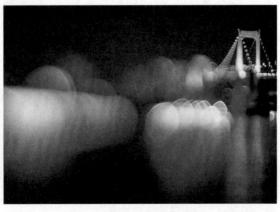

[日] Takashi Kitajima 摄

3.6.1　色彩的构成

色彩的构成包括明度、色相与饱和度三个要素，人眼看到的任何一种色彩都是这三个要素的综合效果。

1. 明度

在黑白色中，明度最高的色为白色，明度最低的色为黑色，中间存在一个从亮到暗的灰色系列。在彩色中，任何一种纯度都有着自己的明度特征，如黄色为明度最高的色，紫色为明度最低的色。

明度在三要素中具有较强的独立性，它可以不带任何色相的特征，而通过黑白灰的关系单独呈现出来。色相与纯度则必须依赖一定的明暗才能显现，色彩一旦发生，明暗关系就会出现，这种抽象出来的明暗关系就是色彩的结构。

2. 色相

色相是指色彩的相貌，如果说明度是色彩的骨骼，色相就是色彩的肌肤。色相是色彩外在表现，是色彩的灵魂。光谱中，各色相间都是原始的色彩，它们构成了色彩体系中的基本色相。在可见光谱中，红、橙、黄、绿、青、蓝、紫，每一种色相都有自己的波长和频率，人们给这些可以相互区别的色定出名称，当我们提及某一色的名称时，就会有一个特定的色彩印象，这就是色相的概念。

3. 纯度

纯度指的是色彩的鲜浊程度。混入白色，鲜艳度降低，明度提高；混入黑色，鲜艳度降低，明度变暗；混入明度相同的中性灰时，纯度降低，明度没有改变。不同的色相不但明度不等，纯度也不相等。纯度最高为红色，黄色纯度也比较高，绿色纯度为红色的一半左右。同一色相的纯度发生了细微的变化时，也会带来色彩的变化。

色彩的三要素像是衡量色彩的三把尺子，这三把尺子的综合运用，就能确定一个色彩的成分。若用这三把尺子来表示一个立方体的三条棱，从同一个零点出发，沿三个方向到顶端，就形成了色彩的立方体。在这色彩的立方体里，每一个不同的空间点，就是一个不同的色彩，以这样的理解来认识色彩，就知道色彩不是很简单的个体，其中有很多的成分可以分解。

3.6.2　色彩的情感联想

色彩对摄影作品所表现的主题起着很重要的作用，在很大程度上影响着人们的情绪。一幅作品要做到引人入胜，常需要有一个趣味中心，但是在不少的场合，这种趣味中心的建立并非易事。在摄影中巧妙地利用色彩的作用，包括色块的分布、大小、色别等变化，把所要表现的主题赋予鲜明的色彩上，往往可以达到突出重点的目的。如在一片色彩较为单纯的景色中

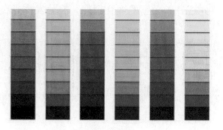

色彩的明度

色相

色彩的纯度

［捷克］Simsalabima 摄

加入一个色彩鲜艳物体，明丽的色彩点即可以成为照片的趣味中心，有力地吸引人们的注意力，达到突出主题的效果。

　　另外，色彩除了冷暖之外还具有重量感，决定色彩轻重感觉的主要因素是明度，即明度高的色彩感觉轻，明度低的色彩感觉重。一般来说，暖色黄、橙、红给人的感觉轻，冷色蓝、蓝绿、蓝紫给人的感觉重。浅淡的颜色给人以轻快、飘逸之感，而深浓的颜色则给人以沉重、稳妥之感。以色彩描绘物体时，浅色密度小，有一种向外扩散的运动趋向，使人觉得其重量很轻；深色密度大，给人一种内聚感，会让人觉得其份量很重。掌握了色彩的这一特性，在平衡画面时常会起到有益的作用。

　　大小相同的物体，如果其表面的颜色呈不同深浅，能够赋予观者以不同的面积感。浅色的面积会感觉要大于深色的面积，浅色系突出，会给人一种面积很大的错觉。这种膨胀与收缩的现象，与色彩的冷暖也有关，暖色属膨胀色，冷色属收缩色。在同一画面中的暖色、纯色面积小，冷色、浊色的面积大，其色调便容易取得平衡。

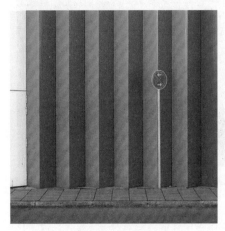

[德] Nick Frank 摄　　　　　　　　[澳大利亚] Adele Cochrane 摄

　　色彩给人另一种感受就是艳丽与素雅，这种感受对于作品主题的阐述和内容的表达是具有很大作用的。一般而言，艳丽与动态、快活的感情关系密切；素雅则与静态、抑郁的感情紧密相联。在画面中，色彩是艳丽还是素雅，取决于色彩的饱和度与亮度，其中亮度尤为关键。不管是什么颜色，亮度高时，即使饱和度低也能给人艳丽的感觉。画面中的色彩如果是单色，饱和度高，则色彩艳丽；饱和度低，则给人素雅的感觉。

[德] Stefan Bleihauer 摄

3.6.3　画面色彩构成

在摄影中如何控制好画面色彩，拍出美丽的画面，是每一个专业摄影师必须研究的问题。摄影画面色彩的构成，主要是受光线因素、环境因素以及主观因素的影响。

1. 光线因素

色彩是由光产生的，色从光来，色随光变，摄影从本质上来讲就是对光线的记录。拍摄时采光的方向、色温、曝光，都与色彩饱和度的表现有密切的关系，如，早晨傍晚时地面上景物的色彩和光影效果比较明显，是一天之中色彩最为丰富的时刻，被称为拍摄的黄金时间。

[保加利亚] Albena Markova 摄

2. 环境因素

周围环境的色彩在一定的条件下也能够影响被摄体的色彩。对于摄影者来说，只有了解被摄体的色彩形成和变化的规律，才能正确处理好画面中色彩的构成。

[捷克] Karolina Ryvolova 摄

3. 主观因素

主观上控制色彩变化的方法主要是根据对色彩的构思，适当选用不同类型的数码器材，以及计算机后期修图等多种方式，来主观改变和调整画面的色彩。

[美] Mallory Morrison 摄

3.7 影调

自然界景物在光线的照射下所产生的明暗色调，是摄影画面影调再现的基础。摄影画面中的影调有两种含义：一是指照片上影像的影调阶调，二是指景物再现影像影调的深浅变化。"影调"与人的思想情感有着密切关系，层次丰富的影调，有助于产生恬静、温和、舒畅的感觉；粗犷、跳跃的影调则给人以刚强、激烈、兴奋的感觉。

摄影中的影调

1. 基本影调

画面基调是指画面的基本影调，它主导影调的倾向，能给人总体的影调印象。摄影的基调要根据不同内容，进行不同的处理，某种基调有助于强化某种特定的艺术效果。摄影者在拍摄时，首先要考虑客观色调因素，适合于何种影调的画面基调。

[德] Steve Simon 摄

2. 中间调

照片中的主体形象和景别都处在黑白灰的渐变之中，没有强烈的反差对比，被称之为中间影调。对比与协调相辅相成的中间调，能给人一种柔和、温存、安宁的感觉。

[英] David Mould 摄

3. 高调

高调也称亮调，高调照片是指照片上白色和浅灰色影调占绝大部分，即由大量白色和浅灰色影调构成的画面。高调照片的表现点，恰恰是占画面面积较少的深色调部分，因此高调照片的重点，是要处理好这画龙点睛的黑，是少量的黑及暗影调来突出主体，因而有助于强化主体的表现力和艺术感染力。高调照片能给人以愉悦、轻盈、纯洁、宁静、清秀和舒畅的感觉。

[乌克兰] Yury Bird 摄

4. 低调

低调照片上黑色和黑灰色影调占绝对优势，即由大量黑色和黑灰色的基调为主的照片称低调照片。低调适合表现以深色为基调的题材，深色的基调占据了首位，具有包围小面积浅色影调的趋势。而这小面积浅色调恰是低调的表现点，所以要处理好浅色调。低调照片的表现手法，经常用于严肃、淳朴、厚重及忧愁等题材，也能给人以神秘、深沉、倔强、稳重、粗放及含蓄的感觉，让人联想和深思。

[法] Alexandre Deschaumes 摄

5. 剪影

剪影是一种特殊的影调构成方式，特点是画面影调简洁、主体形象突出。它不刻意追求被摄对象的影纹层次，只呈现出轮廓影调，并通过影调的鲜明对比，烘托出被摄对象的形态和神韵，从而产生含蓄而概括的造型效果，给人一种简洁明快的艺术享受。

[瑞士] Rui Veiga 摄

3.8 小结

本章内容主要介绍了摄影的基本技巧，包括对摄影作品的艺术评价、画面如何烘托拍摄主体以及对于摄影的构图、剪裁、用光、色彩、影调等方面的详细讲解。摄影爱好者们可以结合书中的摄影作品，将自己的拍摄技巧丰富起来，并且可以对作品的艺术魅力有所体悟。

3.9 思考题

1. 陪体的作用是什么？构图中如何处理主体与陪体的关系？
2. 画面留白的含义是什么？它有哪些功能？
3. 拍摄中如何表现被摄体的质感？
4. 影调在摄影构图中有什么作用？

Chapter

4

第4章
风光摄影技巧

　　风光摄影是摄影艺术在其发展进程中，经过长期积淀而形成的一种重要的光影色综合艺术形式，也是目前最为普及和流行的摄影门类。风光摄影是以记录客观世界的自然景观与人文景观作为拍摄主体，通过镜头抒发个人感情的一种创作活动。大自然是人类赖以生存的空间，也是摄影艺术永恒的题材。

4.1 风光摄影拍摄器材

古人云：工欲善其事，必先利其器。选择合适的摄影器材，是成功的第一步。摄影者在外出进行风光摄影的过程中，首先需要准备合适的、便携的摄影器材。对于风景摄影来说，摄影者往往需要跋山涉水，并且一旦出发，再返回取器材的可能性就不大了。所以，摄影者要十分重视前期的准备工作。

风光摄影器材介绍

对于风光摄影而言，镜头是最具决定性的摄影工具。最理想的镜头配置。当然是能覆盖各个焦段、变焦和定焦兼备、光圈要足够大。但现实中，往往既不能承担这样的成本，也无法携带如此多的镜头，因此我们还是要进行权衡和取舍。取舍的依据主要是自己的摄影习惯和偏好，同时要兼顾自己的购买能力，以及背负器材的体能。

4.1.1 广角镜头

对于风光摄影来说，广角镜头是必不可少的。用广角镜头表现自然的磅礴、全景的美感，可以带给观赏者大自然无与伦比的震撼。

[中]张京 摄

摄影者要尽量选择广角且焦距范围大的镜头，大自然的多变，有时即使是 28mm 的广角也无法满足摄影者的需求，这时就需要焦距更短、视角范围更广的超广角镜头。

例如，佳能的 10-22mm 镜头，此款镜头的一大特点是整个变焦范围内的歪曲像差很少，画面边缘线条的成像也很少出现不自然的细微波纹，因此拍摄风光片时对水平线也具有较好的表现力。边缘部分，画质稳定，整个画面均可有效利用，拍摄时亦可进行自由构图，而无需担心画面中被摄主体的位置。

[挪威] Bjorg-Elise Tuppen 摄

在数量众多的各类镜头中，广角镜头是比较难以把握的一种。它能拍下宽广范围内的景物，且视角越宽透视感越强，但同时变形也更明显。此外，如果不经过仔细考虑就去拍摄，很容易导致构图缺乏重点，一定要多加注意。在风景摄影中，可以充分利用其机动性，方便地进行手持拍摄。于非常近的位置对准被摄体时，主体将被拍得很大，同时使画面周边的背景得到充分虚化，这也是使用广角镜头值得借鉴的技巧。这种情况下，近处的被摄体会拍得很大，远处的物体则显得很小，充分利用这一特点，可以用夸张的方式突出强调主题，获得具有冲击力的视觉表现。但是，拍摄较大范围的风景时，画面中很强的透视感就会显得不自然，给人别扭的感觉。这时需要注意调整角度（即相机的倾斜程度），如果能保持相机水平，即使是广角镜头也不会出现过于明显的变形。拍摄星空或者天空中漂浮的白云等宏大场景时，广角镜头是不可或缺的。而通过改变拍摄角度，将陆地上景物收入画面的方式，可以使天空的透视感显得不那么突出。

4.1.2　长焦镜头

相比较于标头而言，长焦与超长焦镜头更长焦、视角更小。长焦镜头在刻画风光小景或描写细腻情调方面表现突出。长焦镜头具有以下几方面的特点。

（1）视角小，能将远距离的摄取物拉近，成为较大的影像，而不会干扰被摄对象。

（2）景深短，有利于摄取虚实结合影像。

[波兰] Magda Wasiczek 摄　　　　　　　　　　　　　　　　　[芬兰] Joni Niemela 摄

（3）能使纵深景物近大远小的比例缩小，使前后景物在画面上紧凑，压缩了画面透视的纵深感。

（4）影像畸变像差小。

[英] Mark Bridger 摄　　　　　　　　　　　　　　　　　[德] Kilian Schönberger 摄

4.1.3　大光圈和定焦镜头

尽管我们在风光摄影中更多的时候需要收缩光圈，但是并不意味着大光圈镜头不重要。很多昏暗的室内和夜景光线环境下，特别是有人文环境的风光摄影中，大光圈镜头是记录特定光线氛围的利器。因此，f2.8 的大光圈变焦镜头会比 f4 的镜头有更广泛的适用环境。

EF24mm f/1.4L II USM, Canon EOS-1Ds Mark III, 13sec., f/6.3, ISO100

4.1.4　附件的选择

一、三脚架

三脚架是风光摄影师必备之物。可以说，没有三脚架，就没有好的风光作品。风景摄影和三脚架是相伴相生的，风景摄影要求极致的图像清晰度和超大的景深，而这只有使用三脚架才能做到。使用三角架虽然会对机动性造成一定影响，但权衡起来还是非常值得的。

二、快门线

在长时间的曝光场景中，快门线作用有二种：一是防止手按快门造成的机器震动，二是在用 B 门时，可通过快门线锁定，实现长时间曝光。

EF8-15mm f/4L USM 鱼眼 , Canon EOS 5D Mark II, 180sec. × 15 张（合成）, f/4, ISO1600

三、滤镜

滤镜也是风光摄影的重要配件之一。它可以还原真实的拍摄效果。中性灰滤镜，可以有效地降低进入相机的光线，可以拍出瀑布、河流、海边等景观的动感效果。偏振镜主要是用于晴天拍摄，能够使蓝天更蓝，还可以削弱玻璃、水面等物体的反光效果。当然，滤镜的使用是会造成一定程度的画质的损失。

4.2　风光摄影的景深

风光摄影的主体就是风光，与其他拍摄对象不同的是，其主体具有大、纵、深的特点。

EF14mm f/2.8L II USM, 1/640sec., f/11

　　在拍摄风光照片时，一般情况下，都是尽可能让整个场景处于对焦范围内。要想通过使用窄景深，来尝试风景照片拍摄更具创造性，最简单的办法是选用最小的光圈设定，光圈越小，你所获得照片的景深就会越大。

风光摄影的景深运用

EF24-105mm f/4L IS USM, 1/125sec., f/10

　　光圈越小，意味着越少的光线会被摄像传感器感应，所以需要做曝光补偿，比如，升高 ISO 或者延长快门速度，甚至两者都做。随着光圈的缩小，快门速度也随之会变慢，所以在拍摄时，需要使用三脚架来保持相机的稳定，以获得高质量的画面效果。

EF16-35mm f/2.8L II USM, Canon EOS-1Ds Mark II, 1/5sec., f/13, ISO100

4.3 常见风光摄影

风光摄影是将自然景观与人文景观作为拍摄主体，是风光的再现与提炼，是大千世界多彩的、无穷变化的瞬间记录，并着重描绘其美妙之处，是抒发个人思想感情的一种创作活动。不同主题的风光摄影，是美妙景观与摄影技巧以及摄影家情感相互结合、交融的产物。

日出日落的拍摄

4.3.1　日出日落

在太阳刚从地平线上升起或太阳即将西沉的时候，朝霞或晚霞遮盖着太阳照射的光线，而显现出一轮没有光芒的圆圆的太阳，这就是拍摄日出或日落的时候了。

一、日出日落天气特点

在山峦上拍摄日出或日落景色，在云彩遮盖部分太阳或增加天空部分曝光的情况下，才可使天空与山层的色调较为均衡。

为了避免单调，最好找一些较为稀疏的树叶、枝干等简单的物体作为图像的前景，使图像的景深加深，画面也更丰富一些。你可以选取人物的侧面像作为前景，或者是找一个轮廓非常有趣的物体背对着天空，当然也可以采用水面的反射来美化图像。

太阳的形象和色调在日出日落是没有多大的区别的。如果要从照片上来区别日出或日落，应当通过景物和色调去区别，因为早晨地平线的天空一般都比较晴朗，太阳上升时就会很快地散射光芒。黄昏时候的地平线上天空一般都较为混浊，太阳离地平线尚远时就没有散射的光芒了。从色调来区别，早上天空色调偏红带黄，而黄昏色调带品红。

因此，拍摄日出时，太阳刚升上地平线就应该立即拍摄，不能错过。拍日落就可以从没有光芒散射的时候开始，直到将进入地平线的时候为止，都可以进行拍摄。拍摄日落时的最大一个问题就是太阳本身，因为它太亮了，如果将太阳也摄制进去，往往拍出的照片看起来呈一大块白色，显得曝光过度，而得不到最初看到的色彩和细节。要想拍摄好日落景色，可以等太阳落山后拍摄，或是在日落景色中想办法将太阳排除在外，比如当云彩将太阳遮住的时候，或者是远离太阳，只拍摄天空中的一部分。

EF200-400mm f/4L IS USM Extender 1.4x（1x时），Canon EOS-1Ds Mark III, 1/500sec., f/4, ISO100

EF24-70mm f/2.8L II USM, Canon EOS 5D Mark II, 1/640sec., f/2.8, ISO100

二、日出日落数码相机的设置

对于因为光线太暗而无法拍摄的夜景或黄昏，即使是在室外，也可以在不使用闪光灯的情况下，选用"低速度快门"进行拍摄而得到清晰的照片。这时可以将拍摄模式定于"S（快门优先模式）"，设定快门速度为 1/60 秒。在较暗的环境下拍摄时，很难进行 AF（自动对焦），而且极有可能出现焦距错误的情况，使影像模糊一片。所以为了准确地对焦，应该转换为手动对焦，比如拍摄夜间远处的风景时，只要选择焦距无限远，就可以轻松地拍摄出影像清晰的照片。

另外，在拍摄夕阳的风景时，应将"白色平衡模式"设定为"日光"模式。因为原有的"白色平衡模式"会自动对色调进行修正，不能将夕阳的色彩真实地表现出来，所以为了更加真实地表现夕阳，应把"白色平衡模式"转换为"日光"模式。

三、拍摄要点

旭日东升与夕阳西下，是大自然中最瑰丽的景象，也是摄影者喜欢拍摄的题材。日出与日落时的景色变幻万端，转瞬即逝，所以拍摄前要做好充分的准备工作。拍摄时要注意以下几点。

（1）日出与日落时的光线变化很大，而日出比日落变化得更快，所以，拍摄时要根据光线变化情况，不断测量曝光值，以获得正确曝光。

（2）拍摄日出时，因为地面景物亮度比较低，所以一般多拍成黑影。拍摄日落时，地面景物因有天空光照明，所以具有一定的亮度，但它与正常亮度的日光比起来，还是相差很大，所以选取折中曝光量，适当照顾地面的景物。

（3）拍日出或日落时，当人的眼睛可以直视太阳而不觉刺目时，镜头可以对着太阳直接拍摄。如果觉得太阳过亮，以致人眼不能直视时，最好不要再对着太阳直接拍摄了，这时拍摄对人和相机都有损坏，可以添加一些辅助设备。

（4）清早的天气一般要比傍晚明朗，但日出的景象远不如落日时那样丰富多彩。太阳出来得很突然，而且在高出地平线后，色彩便迅速消逝，持续时间没有日落那样长。日落在太阳还未到达地平线以前，它的云彩效果就开始出现了。而且太阳在落山之后，余辉还会保留一段时间。但拍摄日出和日落，都要抓紧时间，尤其是拍日出，更要抓紧，以免失去良机。

（5）清晨与傍晚的太阳光的光谱成分以红色为主，色温低。拍摄彩色照片时，可不考虑色温问题，仍选用"日光"模式。因为拍出的彩色照片偏红，正可以描绘日出与日落时的真实色彩效果。

4.3.2　闪电的拍摄

闪电是在特定的气象情况下才会出现的一种自然现象，当闪电来临时，其出现的地点、方向、时间等因素都是不确定的，具有很大的随机性。闪电在天空中停留的时间很短，每一次的闪电不过几秒钟的时间，要在这么短暂的时间内将其捕捉到并不容易。闪电的拍摄通常要在夜晚进行，有时还伴随着雷雨大风等恶劣天气，这无疑也增加了拍摄的难度。

[法] Alban Henderyckx 摄

一、选好地点提前构图

由于拍摄闪电需要长时间曝光，想要在白天拍摄到好的闪电图片几乎是不可能的，因为背景光线太亮了。在市区内拍摄背景光线往往较强，曝光时间无法设定得很长，影响拍摄效果。而在野外拍摄，曝光时间可以设定得很长，你可以将快门释放速度控制在几秒到几分钟之间，就有可能得到较多拍到闪电的机会，但一定要注意安全。虽然闪电的不确定性让我们无法预先构图，但可以根据拍摄点的实际情况，事先做一些简单的构思。单纯的闪电虽然漂亮，但缺乏气氛，可以选择一些山峦、建筑作为前景，使闪电照片更富感染力。在夜间拍摄时由于是长时间的曝光，建议使用比较稳固的三脚架和采用快门线或者遥控器。

[英] Graham Newman 摄

二、掌握好曝光控制

首先对背景曝光，确定背景曝光的最佳时长（如光圈 F14，快门 30s）。闪电一般不用考虑曝光时间，所以，曝光时间以背景不至于过曝为主要考虑因素。

由于闪电具有出现的时间短、方位不确定性等特点，所以，使用抓拍是不可能的，只能用 B 门或长时间曝光模式进行耐心等待，同时要根据闪电的强烈程度灵活控制光圈的大小。曝光时间不宜太长，长时间曝光容易增加噪点，闪电频繁会使画面显得杂乱，而且会延长存储时间，影响后续拍摄。如果有 B门，那么用它来随意掌控曝光时间是再好不过的。此外，闪电离我们很远，应对焦到无穷远处，关闭闪光灯。

[美] Jeremy Tan 摄

4.3.3 雪景的拍摄

大雪过后的冬天别有一番景致，银装素裹的世界是许多摄影师的最爱。在这个时节，天空就像水晶一样透明，肃杀的树木在白色的背景上勾勒出一幅幅极其干练的轮廓，使整个冬天既显得寂寥，又显得寒冷。

一、雪景天气特点

雪景的特点是，反光极强，亮度极高，它与暗处的景物相比，明暗反差对比强烈。在降雪时，雪花与地面的气体和烟雾混为一体，光线显得十分柔和，但是能见度较低，所拍摄的画面中景物影调层次单调，还容易产生偏蓝色调（色温高）。因此，最好选择较深暗的景物做背景。

[荷兰] Sampo Kiviniemi 摄

野外拍摄时，最好选择有起伏的地形、地貌和物态，运用侧光和侧逆光来表现所摄景物的影调层次和白雪的质感。而在拍摄雪景中的人物时，则应该采用前景带雪的小仰角度。另外，在拍摄不同景别的雪景时，还要注意随时调整相机的白平衡。最佳拍摄时间可以选择早、晚，利用太阳光与地面夹角小、投影长，来增强所摄景物的立体感，达到明暗的相对平衡，而且，景物的投影还可以使空旷寂静的雪野增添生气和韵律。

EF16-35mm f/4L IS USM, Canon EOS 5D Mark III, 1/800sec., f/8, ISO100

二、拍雪景数码相机的设置

雪天快门速度不宜过慢，这时可以用自动模式，这种模式下对焦及曝光可以根据状况自动设定，然后设定白平衡，选择"日光"模式，选择正确的感光度，最后设定一下曝光补偿。

三、雪景拍摄技巧

（1）拍雪景不宜采用阴天的散漫光或顺光，因为这种光线不利于表现雪的质感。一般多采用侧光、逆光或侧逆光。使用侧光或逆光时，阴暗部分最好加用补助光，可用闪光灯、反光板，或利用周围环境中的白色反射物。

（2）在拍摄雪景时，可加用滤光镜。除蓝色滤光镜外，其他颜色的滤光镜都可以吸收蓝、紫短波光，从而减弱雪地的亮度。一般多加 UV 镜或黄滤光镜，橙、红色滤光镜会使天空的色调过暗。拍彩色照片时，多加用偏振镜，偏振镜因为可以吸收雪地反射的偏振光，降低雪地的亮度，调节影调，而又不影响原景物的颜色。加用偏振镜可以使蓝天里的白云突出，还可提高色彩的饱和度。

[芬兰] Kari Liimatainen 摄

（3）利用带雪或挂满冰凌的树枝、树杆、建筑物等作为前景，可以提高雪景的表现力。因为这些前景不仅能使画面产生变化，增加空间深度，而且能增强人们对雪景的感受。

[德] Kilian Schönberger 摄

4.3.4　云雾的拍摄

雾是由许多细小的水点形成的，因而它能反射大量的散射光。薄雾能掩盖杂乱无章的背景，简练地勾划出画面中的主要形象，提高凝聚力。同时，雾还能改变被摄物体的明暗反差和色彩饱和度，使被摄对象的形态与表面结构的清晰度发生变化。

一、雾天天气特点

雾天光线的色温偏高，在拍摄前，一定要调整好白平衡。在拍摄云雾时，物体形态和画面的色彩较难表现出来，为了表现雾景效果，应该巧妙地利用被摄景物的明暗反差，例如，选择暗前景和背景，若能处理好前后景的关系，就可以充分表现出画面的层次。适当的前景、中景，包括山、树、岩石、湖面、云海等，而远景通常就是天空、山峦，这样就可以突出雾的形象和反映空间感。一般来说，表现雾景的最好时机是在雾天阳光初露的那一时刻，运用逆光或者侧逆光进行拍摄，可以显示出光线透过浓厚雾层的美景。不过要注意，由于人的肤色和服装的反光率不如雾高，因此，在雾天摄像时，虽然可以用大景别表现雾景气氛，却只能用小景别来表现所摄人物的面部特征，否则用全景拍摄人物时，就会呈现所谓"剪影"效果或色调消减。

EF70-300mm f/4-5.6L IS USM, Canon EOS 5D Mark II, 1/2500sec., f/7.1, ISO200

云雾在山上常会随风向移动，有时却停留在山腰间或只露出山峰。云雾存在树林中，太阳从枝叶稀疏的空间照射到林中，产生一条条的光线，这种不同的光线，随着太阳高低转移投射方向和角度，显示出明暗的光柱。这一切自然景物变化，给我们拍摄山林景色创造了优越的条件，只要我们身处其中，及时掌握景物的自然变化，就能拍出有艺术性、高质量的风景照片。

[意大利] Lorenzo Montezemolo 摄

在雾中走进树林时，多为漫射光，此时呈现出的风景也比较平淡，若善用此时的光线，也能拍出神秘的气氛。

二、雾天数码相机的设置

拍摄云海时，可以针对中灰色调之处进行点测光，如有渐层减光镜也可使用，以削减逆光条件下天空与地面之间的反差。

1. 适度调整曝光补偿

拍摄云雾时，由于画面中往往以浅灰和白色调为主体，曝光准确性显得尤为重要。为了充分展现影像美感，拍摄云雾时，应该适当增加 EV 值以提高曝光量；一般说来，增加 0.5-1EV 值比较适宜。如果依照正常测光来拍，有时会出现曝光不足的情形。

调整曝光补偿时，应根据画面中雾气所占比例进行调整，避免让高光部分曝光过度。雾气所占的比例越大，就越需要曝光正补偿。如果雾气所占面积很小，或者不在测光区域内，可能不需要增加曝光量。在拍摄过程中要善用实时预览功能，随时做曝光调整。

2. 根据时间迁移调整白平衡

太阳出来之前，色温较高，拍摄的雾气往往呈蓝色调，这样的偏蓝色调也是蛮好看的；但如想去掉蓝色调，可采用阴天白平衡模式以增加黄色调，使雾气呈现白色。

太阳微微升起时，阳光照射到雾气上时，便会让部分雾气呈现红黄色，这种低色温也是自然光偏低色温的正常反应，一般不用去除。随着太阳逐渐升高，光线色温也会随之趋于正常；这时使用自动白平衡，就可以得到正常的色彩还原。

[美] Nicholas Steinberg 摄

3. 雾天拍摄注意事项

雾天拍摄在安排画面构图时，应尽量选择有远景、中景、近景的景物，以表现景物的纵深感。前景、中景应尽量选取深暗色调的景物；浓雾时一般不宜拍摄，因为它的能见度太低，除较近的前景外，中景和远景都看不到。这时，如果加用黄滤光镜或橙滤光镜，可减弱浓雾效果。因为黄、橙滤光镜能吸收蓝、紫短波光，增强光线的透过能力。如想增强雾的效果时，可加用蓝滤光镜或雾镜，雾镜分一号、二号，可获得不同浓度的雾化效果。如想加强雾化时，还可把一号、二号雾镜加在一起使用。

[波兰] Jakub Polomski 摄

4.3.5 秋叶的拍摄

秋天给大地披上了五彩斑斓的盛装，秋色撩人、秋叶迷人，迷人的秋色是漫山遍野，色彩一片。

一、灵活运用逆光和透射光

对于表现秋叶这类色彩鲜明的题材，光线的运用是创作个性作品的关键因素。光线的微妙变化，可以让秋叶表现出不同的色彩关系，特别是逆光和透射光的改变，能够使秋叶的色彩饱和度发生强烈的变化。

在逆光和透射光的条件下，光线透过叶子的透射光效果，比顺光照射时的效果更纯粹、更鲜艳。一般地，在顺光情况下，并不需要特别的曝光补偿，但在逆光的时候，就需要根据实际情况进行必要的曝光补偿。逆光拍摄，色彩与光线组合，光线为主，可以呈现纹理分明的叶脉、表现出较强发质感。秋叶在逆光下的色彩感染力极强，因为金色明亮耀眼，而树林中的枝干，在逆光下还可以为画面提供足够的阴影和反差。树影关系、层叠的树叶、光影的强弱，构成强烈的局部震撼的效果。

[匈牙利] Neer Ildiko 摄　　　　　　　　　　　[土耳其] Erhan Asik 摄

二、巧妙安排背景

在荒凉的秋日，色彩鲜艳的秋叶是最容易吸引目光的对象，但是如果忽略了背景的处理，再美丽的秋叶也会失去光彩。即使是拍摄秋叶特写，背景的因素也不容忽视，拍摄秋叶风光作品，就更应该注意背景环境的选择和处理。

背景的选择应该突出秋叶主题，巧妙选取秋叶所处的环境，表现出秋叶与周围环境的有机联系。按照这样的原则选择和安排背景的色彩关系和明暗关系，可以创作出出色的摄影作品。

[捷克] Janek Sedlar 摄

三、协调搭配色彩

俗话说"草木一秋"。曾经生机勃勃的树叶，在它们即将凋零之际，燃烧着它们的生命，把最后的辉煌奉献给人们。巧妙的色彩搭配，是突出秋叶色彩魅力的有效办法。一般来说，选择与秋叶颜色协调性好的色彩，可以令秋叶的色彩更艳丽。为避免喧宾夺主，削弱对秋叶主体的表现力，搭配的颜色应该柔和平淡色彩，通常红色、白色等颜色都能够与秋叶形成很好的搭配效果。黑色也能够使秋叶看上去更醒目，以树木、山峰或者阴暗的天空为背景，都有可能创作出激动人心的作品。

[保加利亚] Albena Markova 摄

无论选择什么样的搭配色彩，关键是使其处在虚焦状态，形成虚化的背景或前景。通常使用长焦，采用大光圈，运用大光圈能清晰前景、虚化背景，目的还是突出前景，表现局部秋叶的纹路枝理；还有一点必须注意，那就是避免杂乱的色彩出现在画面之中，选择长焦镜头也同样基于这样的考虑。长焦距是将中远景拉近，景深短也能起到清晰前景、虚化后景作用，同时运用大光圈和长焦距，可以避免地面的障碍，摆脱空间位置限制，发挥你的拍摄优势。

4.3.6　剪影的拍摄

拍摄剪影的首要条件是要有高反差的照明，使主体处于重影调的条件下。拍摄剪影主要有室外、室内两种拍摄方法。

室外拍摄应把主体安排在明亮的逆光下拍摄。拍摄时要选择合适的平低角度，使主体的轮廓处在亮背景中，才能使轮廓更加清晰，并使人或物所具有特征的轮廓形状表现出来。室外剪影最好选择在早晨或傍晚的低逆光下进行。拍摄时，尽量使地平线压低，并以明亮的天空为背景，而不能以黑暗的地面为背景，这样就使主题剪影效果更加鲜明、醒目和完整。背景一定要简洁、不宜杂乱。拍摄时要按背景的亮度来适当调整曝光量，使作为主体的剪影物体曝光不足，形成重影调。

[芬兰] Mika Suutari 摄

室内拍摄可利用白墙壁、白布、窗外做背景拍摄剪影式构图。在利用白墙、白布做背景拍摄室内剪影照片时，可在被摄主体后面打灯光，使背景亮；也可以从被摄主体后面打逆光，使主体处于暗调之中。

拍摄剪影照片，风格是多样的，表现手法也是十分丰富的，高调黑白剪影给人清新素雅之感，低调剪影给人含蓄低沉之感，尤其是背影剪影照片，更具特色。

[德] Kilian Schönberger 摄

拍摄剪影照片时要注意以下几个方面的事项。

（1）取景时要注意眩光，因此要加遮光罩，而且要留心注视画面的各个角落，是否有吃光现象。

（2）拍摄剪影时要尽量缩小光圈，特别是水面上的反光光斑，用 f16 小光圈能使光斑产生星光闪烁效果。拍太阳时，尽量不使太阳曝光过度。

（3）在拍剪影时，主体不要对焦太实，对焦太实再加上剪影轮廓影调过重，会产生剪纸效果，失去了剪影照片的特性。

[保加利亚] Albena Markova 摄

4.4 小结

本章内容讲解了关于风光摄影的拍摄技巧，从拍摄风光摄影器材上的选择和景深的分析，到风光摄影的案例分析。在拍摄风光摄影之前，应重视前期的准备工作，并根据不同的拍摄环境（例如闪电、云雾等），选择不同的拍摄器材，当然拍摄技巧也十分重要，在学习案例之后，更应该结合实践多加练习，增加实践经验。

4.5 思考题

1. 风光摄影中不同的镜头所表现出的效果有什么不同？
2. 景深对风光摄影有什么影响？
3. 用什么样的拍摄方式可以拍出星轨？

Chapter

5

第5章
静物摄影技巧

静物摄影题材无处不在，静物摄影是摄影者以自然存在的无生命物体为拍摄题材，通过对拍摄对象的有机组合和安排，经过创意构思，并结合构图、光线、影调等技法来表达一定的含义和主题，赋予作品一定的形式感和艺术美感。

5.1 静物摄影器材选择

静物摄影器材选择

　　静物摄影是整个摄影领域中不可缺少的组成部分，静物摄影的题材无处不在，当你在一些时尚杂志的封面上看到那些精美的饰品、还有各种各样香水瓶的时候，是不是会莫名地产生一种惊讶：为什么同样的东西，在摄影师的手中就可以拍得惟妙惟肖，而在自己的手里拍出来就那样平凡呢？事实上，静物摄影的本质无非就是光线的运用、色彩的搭配，最后加上拍摄对象的造型塑造。

[乌克兰] Natalie Panga 摄

　　当我们进行静物拍摄时，首先要对被摄体特点、光线种类、拍摄角度和构图都有一个基本构思。在室内摄影，要比在室外拍摄对工具的要求高一些，我们需要准备一些基本的器材来辅助拍摄，通常会用到中焦距镜头的相机、三脚架、一个主灯、两盏辅灯、背景纸或者布、反光板及静物台等，这些工具可以帮助我们完成物体的造型和拍摄。

5.2 背景的搭配

[意大利] Alessandro Guerani 摄

　　选择一个好的背景，对你创作一件成功的作品起着非常重要的作用，我们可以利用不同颜色的布，或者用专业的彩色无缝背景纸。挑选背景时，主要是考虑被摄体的材质和颜色。在拍摄静物时衬景很重要，衬景的作用在于烘托、展现、突出被摄主体。所以

静物摄影背景搭配

衬景的选择应以能否突出主体为原则。通常情况下，浅色的衬景能突出深色的主体，深色的衬景则能强化浅色的主体；当衬景色与主体色为对比色时，会产生强烈的色调对比；当衬景色与主体色为类似色时，画面色调则会变得和谐舒适。光滑衬景能显示质感粗糙的物体，粗糙的衬景则能突出光滑的主体。在拍摄一般物品，通常采用麻布做衬景，给人以敦厚、朴实、粗犷的感受；丝绒、绸缎做的衬景则显得富丽、华贵，适宜于拍摄珠宝、饰品、手表等名贵物品。在室内拍摄时如果出现恰到好处的景致，也可以完全不用其他背景，可以直接进入布光。

小贴士

静物拍摄时，桌线会在背景上留下明显的痕迹，甚至会割裂画面，拍摄时的处理方法有两种。
（1）设法消除或削弱桌线，用整张纸或布铺置桌面上，使水平面和垂直面之间形成弧形过渡。
（2）将物体置放得高低错落，以引导观者的视线，使桌线看上去不明显。

5.3 静物摄影光线运用

静物摄影光线运用

在室内拍摄静物时，布光是一个很繁杂的过程，也是获取好的画面效果的基础条件。简单的方法是只用主灯、辅助灯和反光板。虽然被摄主体是静物，但是要小心地控制好反差，避免光线过亮和产生过多的阴影。

[孟加拉] Ashraful Arefin 摄

5.3.1 光源位置的选择

在实际拍摄中，光可以分为主光、辅助光、轮廓光和背景光等几种。在拍摄过程中，并不是光线越复杂越好，过于繁杂的光线不但不能体现出光的层次感，相反会给人留下乱糟糟的感觉。正确的布光方法，应注重使用光线的先后顺序。首先要重点把握主光的位置，然后再通过辅助光，来调整画面上由于主光的作用而形成的反差，突出画面层次，控制投影范围的大小。主光的位置可以安排在最前方，也可以在顶部，辅助光则可以在四周，甚至在底部，这是根据所架设的相机位置再进行调整的。

[美] Amy Weiss 摄

5.3.2　采用不同的照明方法

　　静物摄影主要是质感的表现，关键在于用光。表现物体的质感是静物摄影的一大特色，在拍摄过程中，我们可以尝试运用不同的照明方法，充分展示静物摄影的质感。强烈的光线不能很好地诠释质感，运用柔和的光线，选择合适的拍摄位置，就可以较好地表现出物体的质感来。对于表面比较粗糙的木纹和石头，拍摄时角度宜低，多采用侧逆光；而瓷器、玻璃器皿以正侧光为主，柔光和折射光同时应用，在瓶口转角处保留高光，在有花纹的地方应尽量降低反光；对于皮制品通常用逆光、柔光，通过皮革本身的反光体现质感。

[俄罗斯] Irina Furashova 摄

　　静物摄影中的背景用光，首先要考虑它所造成的环境气氛，其次是背景的亮度，要有利于表现主体，不要使背景与主体的影调太接近。柔光：柔光适合于表现细腻、舒和的情调。

　　（1）直射光：适合于表现一些质硬的物体，有明了、坚硬的质感。

　　（2）侧光：立体感表现较好，适宜表现物体的质感，在静物摄影中运用比较广泛。

　　（3）正面光：由于不利于表现物体的立体感，一般多用做辅助光。

　　（4）逆光：通常用来拍摄通透的物体，能凸显出物体的轮廓美。但由于逆光的光照面积小，反差较强，静物摄影中极少采用逆光做主光。如拍摄玻璃制品，就必须进行特别的灯光照明，才能产生一种玲珑剔透、光彩照人的效果。最常用的是在深暗色的衬景下，采用逆光，从被摄体的后面用强光进行照明，让光线透过玻璃体的内部，产生明亮的轮廓线条和熠熠光彩。

　　（5）顶光：顶光最近似于太阳光照射的方向，有一种近乎自然的感觉。不少作品采用这种光做主光。

5.4　静物摄影构图

　　当我们选择好背景，布光完成后就要考虑画面的构图。拍摄静物时，最好先安排画面的主体物。这个物体也许是由其大小、形状、色彩或纹理的与众不同而显得特别突出，所以选择了它做主体。首先把它放在背景面前，然后透过相机仔细察看这个主体。接着，把其它的对象摆上，再三加以排列，不要把主体置于画面的中央，以免画面显得呆板，主体也不能与其他物体混在一起，以防主次不分。应运用投影来丰富画面结构，使画面充满活力。

静物摄影构图

　　静物拍摄时，相机的高度与对物体的距离，会大大地影响景深和画面中物体大小的比例。在摆设物体的时候，应该经常注意画面的色调及色彩关系、光的明暗关系，还有大处与细节的对比。构图要简洁明了，可以适当地找一些小的装饰品来和主题遥相呼应，打破画面的单调。

[俄罗斯] Alina Lankina 摄

5.5 不同材质物品拍摄技巧

静物摄影不同材质物品
拍摄技巧

按物体对光线的作用性质不同，大致可分成三大类：吸光物体、反光物体和透明物体。

5.5.1 吸光物体

吸光物体是最常见的物体，比如毛皮、衣服、布料和食品等都属于吸光物体。吸光物体的最大特点是对光的反射比较稳定，即物体固有色比较稳定统一，在光线投射下会形成比较丰富的明暗层次。最亮的高光部分显示了光源的颜色；明亮部分显示了物体本身的颜色和光源颜色对其的影响；明暗交界部分，最能显示物体的表面纹理和质感；暗部则几乎没什么显示。

[美] Eva Kolenko 摄

一、表面粗糙的物体拍摄方法

静物摄影中，对吸光物体的布光较为灵活多样。表面粗糙的物体，如粗陶制品、麻织品等，一般布光的灯位，要以侧光、顺光、侧顺光为主，而且光比较小，这样使其层次和色彩表现得更加丰富。

　　拍摄表面粗糙的物体时，可用稍硬的光，要以侧光、侧逆光为主，采用低照射角度。过柔、过散的顺光，尤其是顺其表面纹理结构的顺光，会软化被摄体的质感。当拍摄对象表面结构粗糙时，可以用更硬的直射光照明，使表面凹凸不平的质地产生细小的投影，强化其肌理效果。

[瑞典] Linda Lomelino 摄

[美] Antonio Diaz 摄

二、表面光滑的物体拍摄方法

　　半吸光体产品的表面结构一般都较平滑，大部分都可以直接观察其结构、纹理。纸制品、木材、亚光塑料、部分加工后的金属制品等都属于半吸光体。

　　为了表现出它们相对细致平滑的质感，用光应较柔和，尽可能使用扩散光或间接光照明。使用闪光灯应在灯前加扩散片软化光质，也可使用柔光罩等。雾灯是可以细致地表现物品表面平滑质感的理想光源，布光时，主光源可采用高照射角度，要注意光源的形状，因为这类物体的高光部分，能将光源的形状反映出来。

　　拍摄新鲜的水果时，可在正前方打了一盏柔光灯，这种顺光的表现，使表面颜色更加鲜亮，对水果表面细微的褶皱肌理表现得非常到位。

[意大利] Alessandro Guerani 摄

5.5.2　反光物体

反光物体的最大特点是对光线有强烈的反射作用，它一般不会出现柔和的明暗过渡现象。

拍摄反光物体时，需要采取复杂的布光措施，最常用的是包围法布光。包围法布光是指用一个亮棚，将被摄物体包围起来，然后再在亮棚的外边进行布光。包围法布光所用的亮棚，可以用白纸或硫酸纸做成，用透明的支架，如有机玻璃棒或尼龙绳等加以固定。用包围法布光时亮棚的设计布置是多样的，但有一点应明确，反光物体会像镜子一样毫无保留地将周围的一切反射回去，亮棚稍有缺陷，就会在被摄物体上显示出来。

为了使反光体没有耀斑和黑斑，拍摄时，也可以用两层硫酸纸制作成柔光箱，罩在主体物上，并且用大面积柔光光源打在柔光箱的上方，使其色调更加丰富，从而表现出其质感。

[以色列] Anna Nemoy 摄　　　　　　　　　　　　　　　[美] Stéphanie Gonot 摄

一、反光体拍摄方法

反光产品包括全反光体和半反光体两类。全反光体产品光洁度极高，均为镜面。它们多为不锈钢器皿、银质器具、高亮油漆表面等物体。

表面较高的光洁度，能将大部分或全部的光照反射出去，同时又能将拍摄台周围的物体映照在其表面。在拍摄时，物体光洁度越高，造型越简单、流畅的反光体越难拍摄。反光体布光最关键的就是对反光效果的处理。一是布光难，在光线达不到一定条件时，往往会出现明显的不均匀光线。二是被摄体表面有可能将周围的物体，包括灯具、三角架、机器，都映照进去。而造型复杂、多棱、多面的被摄体，又往往会形成明显的反差，画面中会出现多而杂乱的耀斑。

[比利时] Giuseppe Bognanni 摄

　　反光物体的布光，一般采用经过散射的大面积光源。在布光时，关键是把握好光源的外形和光源照射位置，反光物体的高光部分会像镜子一样反映出光源的形状。由于反光物体容易缺少丰富的明暗层次变化，在拍摄过程中，我们可将一些灰色或深黑色的反光板或吸光板，放置在反光物体旁，让物体反射出这些色块，以增添物体的厚实感，改善表现效果。

二、光斑控制方法

　　在高反光物体的表面，出现齐整光艳的高光，既是对反光体平滑肌理的刻画，又是造型美的再度升华。因此，光斑在反光体商品的拍摄中异常重要。控制和调整光斑的主要方法是：采用光质软、面积大的柔和光源做主光；光源的位置通常在被摄体的侧面；移动灯位，调整灯箱照明角度。

[中] 鑫荣 摄

5.5.3　透明物体

　　透明物体主要指各种玻璃制品和部分塑料器皿等，它的最大特点是能让光线穿透其内部。透明体表面非常光滑，由于光线能穿透透明物体本身，所以一般选择逆光、侧逆光等，光质偏硬，使其产生玲珑剔透的艺术效果，体现质感。

[乌克兰] Esther Spektor 摄

　　拍摄透明物体时，表现物体的透明感并不困难，不管背景是深是浅，它总会透过去；但是，对于透明物体光亮感的表现，就要利用反射，使之产生强烈的"高光"反光，透明物体的形状，则利用光的折射来达到预期效果。在布光时，一般采用透射光照明，常用逆光位，光源可以穿透透明体，不同的质感形成不同的亮度，有时为了加强透明体轮廓的造型，并使其与高亮逆光的背景剥离，可以在透明体左侧、右侧和上方，加黑色卡纸来勾勒造型线条。对透明物体最好的表现手法是：在明亮的背景前，物体以黑色线条显现出来；或在深暗背景前，物体以浅色线条显现出来。

[沙特阿拉伯] Mazin Alrasheed Alzain 摄

一、白底黑线拍摄方法

白底黑线的布光，主要是利用照亮物体背景光线的折射效果。透明物体放在浅色背景前方合适的距离上，背景用一只聚光灯的圆形光来照明，光束不能照射到被摄物上，则背景反射的光线穿过透明物体，在物体的边缘通过折射形成黑色轮廓线条，线条的宽度正比于透明物体的厚度。改变光束的强度与直径可以得到不同的效果，光束的强度越强、直径越小，画面的反差就越强。

[俄罗斯] Irina Furashova 摄

二、黑底白线拍摄方法

黑底白线的布光方法，主要是利用光线在透明物体表面的反射现象。被摄体放在距深色背景较远的位置上，被摄体的后方放置两只散射光源，由两侧的侧逆光照明物体，使物体的边缘产生连续的反光。黑底白线的布光，特别有利于美化厚实的透明物体，但这种布光手法技术上不易掌握，需要不断调试才能达到预期的效果。此外，在运用这种布光时，一定要彻底清洁透明物体，任何灰尘或污迹都会毫不保留地被显现出来。画面的反差情况，仅仅由聚光灯的强度与直径决定，非常有利于拍摄时的控制。

[俄罗斯] Irina Furashova 摄

在拍摄静物时，我们还需要将焦距调好、焦点对准，色温设置正常之后，才能够进行正常的拍摄。尤其要注意色温的调节，也就是白平衡，如果室内用的是人工光，就要考虑到灯光的色温。最好将光源的配置简单化，或者遮住自然光全部使用人工光，或者只用自然光，这样，对于色温的调节就会简单得多。室内的静物拍摄，是对光的使用和拍摄基础的考验。大家不妨经常做一些练习，拍摄角度的调整、灯光的布置，都需要反复地尝试，只有这样才可能得到理想的效果。

5.6 小结

本章主要介绍了关于静物的拍摄技巧，包括拍摄器材的选择、背景的搭配以及光线、构图的方法等，还针对不同材质的物品，介绍了适合其拍摄的技巧。摄影爱好者们在拍摄静物时，应注意衬托主体物的基调，利用背景、光线、色彩的搭配和适合的拍摄手法，突出主题、表达思想。

5.7 思考题

1. 珠宝首饰类静物，应采用什么方法拍摄才能更好地突出它的质感？
2. 玻璃器皿的拍摄，应如何打光才能凸显其立体感？
3. 拍摄反光物体时，用什么方法可以避免拍摄出耀斑或黑斑？

Chapter

6

第6章
分类摄影

摄影是一门艺术，但它不是无规律可循，应该有科学的学习方法。在日常的大量拍摄过程中，我们应该从构图、光线、色彩等方面总结出不同主题摄影作品的特点，把总结出的实际摄影知识、基础原理应用到今后摄影中去。

6.1 花卉摄影

花卉摄影，在技法上有许多特殊的要求，与人像、风光摄影有很多不同之处，构图、用光、色彩表现和景深控制等都要适合花卉摄影的特殊要求和效果，把最引人入胜的地方突出出来；同时，需要较多地使用近摄的造型手段，才能拍摄出艺术性较高的作品。

[德] Marco Heisler 摄

6.1.1 构图

摄影需要减法，花卉拍摄更需要减法。花卉摄影构图的基本要求是突出和美化主题、构思新颖、造型优美，主要方法是利用景深把杂乱的物体虚化掉，在保证主题清晰的情况下，尽量用大光圈，或者移动主题和背景。

[法] Bellatchitchi 摄

6.1.2 光线

光线的运用是摄影艺术造型的重要技法。对花卉摄影来说，用光是至关重要的，它是突出地表现花卉质感、姿态、色彩和层次的决定性因素。

在自然光线条件下，散射光和逆光容易拍出理想的效果。散射光不受光源的方向性局限，影调柔和、受光面均匀、反差小，能把花卉的纹理和质感表现出来。如果选择雨后的散光拍摄，细致地把握光线的角度，会使花卉显得清新艳丽、光彩诱人。

逆光拍摄，光线从后面照射物体，能够勾划出清晰的花卉轮廓线，而且可以隐藏杂乱的背景，确保光的造型效果良好。如果花瓣质地较薄，会使之呈现透明或半透明状，使质地薄的花卉透亮动人，更细腻地表现出花的质感、层次和花瓣的纹理。运用逆光拍摄时，花卉必须进行补光及选用较暗的背景衬托，才能更突出地表现花卉形象。

　　侧光是拍摄花卉最常用的摄影用光。使用侧光，花卉造型效果好，立体感强、层次分明，反差和阴影比较适度，色彩明度和饱和度对比协调。

［日］Setsuna 摄

6.1.3 色彩

　　色彩是花卉摄影取材、立意的先决条件，花卉是以色彩和造型取胜的，花卉摄影应注意色彩的处理。好的花卉摄影作品，要有和谐的色调，不能杂乱无章。根据花卉自身不同的特点、不同的主题、不同的光线条件和不同的背景，确定自己要采用的色调。大红大绿，虽然刺眼，但处理得好，也艳丽悦目；轻描淡写，虽然平淡，可运用得当，也简洁素雅，令人心旷神怡。花卉摄影拍摄时要确定一个主色调，不论以冷调为主或以暖调为主，只要运用得当，都能"浓妆淡抹总相宜"，搭配的背景更是要考虑如何烘托出主题的美，色彩的运用布置要达到平衡与和谐。

［孟加拉］Ashraful Arefin 摄

6.2 儿童摄影

　　在所有的摄影作品中，儿童拍摄无疑都是对摄影师的巨大挑战，从选景、光线，到拍照的角度，都需要精心的策划。小孩子好动、表情丰富，而且年龄小的孩子并不会听你的指挥，也不会配合你拍摄。所以如何发挥手上器材的优势，抓住最好的拍摄时机，都是大有学问的。

[法国] Jacqueline Roberts 摄

6.2.1　抓拍自然的瞬间

孩子好动、活泼、爱笑，这是他们的天性，这也是我们喜欢看到并想拍下来作为纪念的内容。我们拍摄儿童摄影时，希望记录他们的生活点滴，在拍摄中就应该多捕捉些他们自然纯真的一面。所以在儿童摄影时，可以尝试用抓拍方式拍摄，不用刻意地让他们望着镜头拍照，而是等待他们和家人互动时、和大自然相处时、或在家里玩耍时进行一些抓拍，捕捉他们自然的一刻，避免拍出一些姿态生硬或笑容牵强的相片。

[中] 赵辉 摄

另外，预测最佳拍摄时机也是比较重要的一点，在孩子的游戏玩耍中，试着预测可能出现的精彩场面。虽然机会转瞬即逝，但是我们还是可以做好充分的准备。观察某些动作时可以事先做好构图，半按下快门，等到精彩的时刻出现在你的构图中时，再完全按下快门记录下来。

 小贴士：采用连拍方式

小朋友活泼好动，有些可爱的表情或动作，并不是我们轻易地按一下快门便可以捕捉得到的。所以可以采用连拍方式，多按一些快门来捕捉完美的一刻。尽可能地提高快门速度，在同一个动作下连拍数张，从连拍的图片中筛选出最能传情达意的照片即可。

6.2.2　拍摄的角度

一张相片漂亮与否，通常也和相片的背景有着很大的关系。如果现场环境优美，拍摄时可以尽量吸纳多些背景。很多家长习惯站着给小朋友拍照，因为小朋友比我们矮小，这样会使镜头的拍摄角度向下倾斜，导致相片大部分的背景变成地面，浪费了美丽的背景。所以我们拍摄时应该尽量蹲下来，让镜头和小朋友的眼睛在同一水平线上，这样便可以吸纳更多的背景，使相片的背景更丰富。有时，甚至可以蹲底一点，把镜头微微向上扬起拍摄，相片出来的感觉就像小朋友看大人及世界的视野，会有出其不意的效果。

[保加利亚] Tracy Tomsickova 摄

6.2.3　画面构图

小朋友在玩的时候，现场可能会有一大堆玩具、图书等杂物，建议在拍摄时，尽量让画面中的杂物少一些，可靠小朋友近一点，以特写的方式取景，让画面的主题更明确一些。用光圈优先或手动模式进行拍摄的话，也可以在一定程度上以浅景深的方式来凸显小朋友。

[澳大利亚] Michelle Dupont 摄

6.2.4　照片的空间安排

为了记录小朋友的点滴，可以利用广角的焦距，拍摄多些连人带景的全身相片，这样便可以表达出他们与现场环境的互动。但当拍摄全身相片时，应该尽量给小朋友的上下左右预留多些空间，不要令小朋友太贴近相片的边缘，以免相片带有压迫感。为了加深整辑相片的可观性，我们也需要近拍一些特写照，拍摄时我们要避免让小朋友关节部分处于相片的边缘，如手肘、膝盖、足踝等。

[波兰] Magdalena Berny 摄

6.2.5　寻找最佳光线

拍摄小朋友成功的关键是可以凝固他们童真的一刻，所以除了曝光、构图、色彩及气氛配合等元素外，光线也起着至关重要的作用。摄影基本的元素之一就是光线，在光线佳的环境中，拍出来的照片一般能比普通场景中的更动人。拍摄儿童片时，可从室内的光线开始观察，注意室内、室外的自然光，在什么时候、哪个位置的拍摄效果最佳。选择好时间和地点，便可将小朋友引导到该处玩耍活动，以捕捉到令人满意的画面。如果室内光线不足，也可考虑添置外接闪光灯。

[美] Jake Olson 摄

6.3 体育摄影

许多体育摄影大师的作品充分表明，某一场体育比赛的纪实照片，完全可以用创造性的艺术手法来拍摄。体育摄影具有突发、快速、纪实的特点。体育摄影的精髓在于能把比赛中高速运动的运动员，以漂亮的构图、记录下永恒的瞬间，展现运动员在激烈的比赛当中优雅的姿态，并具有一定的观赏性和趣味性。在拍摄过程中，除了要拥有精良的拍摄器材及拍摄优先权外，摄影师还需要有敏锐的抓拍能力和必要的摄影技巧。

[美] Donald Miralle 摄

6.3.1　拍摄位置和拍摄点

对体育拍摄来说，拍摄位置至关重要。一个有利的拍摄位置和精彩的照片往往是紧密连在一起的，它直接影响到照片的质量和效果。恰当的拍摄位置，应能反映出这个项目及运动员的技术、战术的特点，可以随时靠近被摄体。

拍摄点，是运动员所处的位置。在体育摄影中，选择一个合理、恰当的拍摄点具有重要作用。一个恰当的拍摄点，对表现主题、抓住关键动作的瞬间，起到很大的作用。在选择拍摄点时，要充分考虑到拍摄现场上的光线效果和背景对主题的烘托。拍摄点的选择，直接反映了拍摄者对运动项目、运动员动作的了解程度和创作构思。

[美] Neil Leifer 摄

6.3.2　拍摄前的预对焦操作

体育摄影不同于普通的拍摄，为了抓住一瞬间的精彩，要求高速运动下的对焦也十分精准。精准对焦有赖于摄影器材不断进化的对焦系统。

一、使用自动对焦

在拍摄高速运动的物体时，没有实用的自动对焦系统，很难满足抓拍的要求，现在的单反相机都针对运动抓拍，加入了自动追踪对象功能，使得在复杂场景下拍摄更容易针对被摄者对焦，开启这些功能，摄影师可以放心将对焦交给相机，而自己可以更好地去控制抓拍时的构图以及精彩的一瞬间。

二、使用手动对焦

在高速运动的场景下拍摄，使用手动对焦功能对摄影师的要求更高，但是对有经验的摄影师来说，只要预算好拍摄对象大致的运动范围，使用手动对焦可以让对焦范围缩小，减小对焦过程中的寻焦时间；对动辄数百焦段的镜头来说，使用自动对焦寻找焦点的过程，未必比预估好对焦范围使用手动对焦要快。另外，在拍摄运动轨迹可预估的比赛，可以使用陷阱对焦法，将焦点预先设置在想要位置，等待被摄者进入焦点区域，使用连拍来获得准确合焦的照片。

花样游泳 [中] 魏征 摄

6.3.3 快门速度

根据不同体育项目的不同特点去选择快门速度，是体育摄影中使用器材首先要考虑的问题。拍摄运动主体时，快门速度的运用不外乎三种情况："快"、"慢"和"适中"。快门的具体速度应随运动主体运动情况不同而不同，根据表现意图去选择相应的快门速度。

一、快门速度快

快门速度快的优点是能将动体影像清晰地记录下来，缺点是影像的动感不足。"凝固"的运动主体影像，往往擅长于表现运动主体的优美姿势。要取得这种效果，只需使用相机上快门的高速度，如1/1000 秒。这样往往能把大部分运动主体记录清晰，有些相机具有 1 /4000 秒甚至 1/8000 秒的最高速度，用它们来凝固运动主体就更理想了。

[中] 陈伟胜 摄

二、快门速度慢

快门速度慢的优点是具有强烈的动感，模糊的运动主体影像往往用于表现高速运动的体育项目。一幅影像虚糊的体育照片，能再现快速运动的运动主体在我们眼前飞驰而过的情景。通过模糊的运动主体与清晰的背景的对比，来表现出强烈的动感，这种快门速度的选择就比"快门速度快"来得复杂些。对体操项目，可能 1/15 秒是慢的，而对飞驰的赛车或百米冲刺，1/60 秒才是慢的。不同的"慢速度"对同一运动主体又会产生不同程度的模糊效果，这就要求摄影者在实践中总结经验，而不能只是按照某些数据去记住一两种快门速度。

高速快门多用于拍摄没有轨迹限制的运动项目，诸如排球、足球、篮球，还有众多的田径项目，这些比赛利用高速快门可以捕捉到运动员某一瞬间的神情，当然这对摄影器材的要求也高了，需要更大光圈的镜头、优质的高感画质来保证获取更高的快门速度。

低速快门多用于有一定运动轨迹的项目，例如田径赛跑、游泳等，可以轻易拍出动感强烈的照片，因运动轨迹容易推算，所以使用长焦镜头成功率也较高。

[中] 贾国荣 摄

6.4 建筑摄影

在摄影艺术的范畴里，建筑摄影是一个十分重要的课题。除了在商业拍摄中具有很高的实用价值以外，人们在日常生活中，尤其是旅途中，也常常喜欢将建筑物作为主要的拍摄对象。

建筑摄影主要是为了展示建筑物的规模、外形结构以及建筑物的局部特征等。其拍摄的特点是，被摄对象安定不动，可以长时间曝光；另外，还可自由地选择拍摄角度、时间等客观因素，运用多种摄影手段来表现对象。

[菲律宾] Dennis Ramos 摄

6.4.1 构图

画面的构图是衡量一幅作品成功与否的关键因素。好的作品能够反映出建筑物的特色，传达出建筑师的建筑思想，把建筑师精心设计的三维空间的建筑物，用二维空间的照片完美地表现出来。构图最基本的要求是要做到画面布局合理、结构平衡。

在拍摄时，可以根据建筑物的特点，选择横向或纵向构图，横向构图有利于表现建筑物的宽广和宏大，竖向构图有利于表现建筑物的高大和庄严。无论选择何种构图，都要注意使画面中的地平线保持水平，建筑物的垂直线条，在照片上也应该是垂直的。建筑物的内部的装饰或局部的建筑细节，也是不错的拍摄题材，在拍摄时，应多观察建筑的结构特点，多采用不同的构图进行尝试，寻找最佳的表现手法。

[中] 叶和东 摄

6.4.2　视角

平视拍摄可以正确地反映建筑物的结构特点；俯视拍摄易于表现建筑物的整体布局和风貌；仰视拍摄时，所有的垂直线条会向上汇聚，会产生一种变形的效果，可以凸显建筑物的巍峨。距离建筑物越近，这种变形效果就越明显。贴近建筑物，以极端的垂直角度仰视拍摄，往往可以产生出令人惊讶的夸张视觉效果。为了能够正确还原建筑物的原貌，消除这种变形效果，通常会选择移轴镜头，对影像的透视、变形等进行控制。

[斯洛文尼亚] JureKravanja 摄

6.4.3　光线与照明

在不同方向的光源的作用下，建筑会产生不同的阴影效果。摄影中的光可来自各个方向，而每一个方向的光都会影响到建筑的外部特征。就户外建筑摄影而言，光源主要指太阳，光的方向主要分为正面光、侧向光、逆光、顶光和漫射光。

在户外拍摄时，应十分注意太阳光的照射角度。一般来说，正面光照射时，建筑物受光均匀，但是缺乏层次。在直射光照射下的建筑色彩浓艳，并能产生浓重的阴影，强化了建筑的立体感。直射光表现的建筑显得简洁、粗犷，但往往不够细腻，尤其是处在阴影中的细部节点。侧面光照射，可以形成鲜明的明暗对比，增加建筑物的立体感。此外，光照强度也会影响到拍摄效果。强烈的光照可以产生强烈的反差，使建筑物的细节及轮廓更加分明，表现建筑物的几何结构；而阴雨天、雾天等柔光照射场合，则能够营造出具有诗意的氛围。根据不同季节的气候特点，拍摄出的照片也会有不同的效果。

[英] Martin Turner 摄

6.4.4 线条

线条在建筑的视觉要素中同样占有重要的地位。不同的线条不仅具有线形、图案的形式美，还能产生不同的艺术感染力。在建筑摄影中，线条的概念更多的是以构件的外形特征在画面上显示出来，如建筑的柱子、墙体、屋顶、楼梯、栏杆等构件，在照片上都可能会以各种线条的形式出现。

[英] Martin Turner 摄

线条的形式多种多样，如直线（水平线、斜线）、曲线和圆弧线。直线具有挺拔感；水平线能给人以宁静的感觉；垂直线可以表现出建筑物的坚实、有力和高耸感；斜线给人不稳定感，特别是倾斜的汇聚线，对人的视线有极强的引导性；曲线、圆弧线则表现一种优美的柔和感，有很强的造形力；在建筑摄影的构图中，应尽可能充分利用线条的形式美和它的艺术感染力，通过精心设计来提高画面的艺术性。

[新西兰] Mike Holleman 摄

6.4.5　景深与透视

在拍摄人物照时，常常会使用大光圈，以获得浅景深、虚化背景、突出主体。而在建筑摄影中，为了使建筑物的前后两侧都处于清晰的对焦范围内，应使用小光圈，从而可以获得较宽的景深。在建筑摄影中，可以根据拍摄意图，选择标准镜头、广角镜头或远摄镜头。标准镜头与人的视觉习惯相接近；广角镜头可以加大前景与背景的距离，使建筑物主体与其后的背景分离，造成主体突出的视觉印象；远摄镜头则会压缩建筑与背景之间的距离，增强画面的图案效果。

[法] Christopher Domakis 摄

6.5 夜景摄影

都市的夜晚，是光与影的世界。夜幕降临，华灯点缀下的城市绚丽多姿，展现出与白天不同的风情。夜景摄影是利用被摄景物和环境本身原有的灯光、月光等做主要光源，以自然景物、建筑物以及人活动所构成的画面进行拍摄。由于它是在特定的环境和条件下进行拍摄，在拍摄夜景时，往往会面临某些客观条件的限制而带来的困难，所以，夜间摄影比日间摄影困难得多，但是，它也有自己独特的效果和魅力。

摄影技巧之夜景拍摄

6.5.1　城市街道的拍摄

夜间的城市别有一番魅力，深受摄影爱好者们的欢迎。但夜景的拍摄，具有一定技术难度，一张好的摄影作品需要从构图、曝光等方面进行综合考虑。

[德] Thomas Birke 摄

一、自备脚架

夜景拍摄时通常需要长时间的曝光，为避免因震动而破坏照片效果，最好使用三脚架保持机身稳定，这样才可以拍出清晰的照片。当没有带三脚架时，可以在拍摄点附近寻找一个平坦光滑的相机放置点，例如桌椅、石柱等，只要足够稳定，把相机设置在自拍模式，按完松手后，让其自己曝光，就能够有效防止因触碰带来的抖动。

二、降低感光度（ISO）

高感光度可以在相同的光圈值下用更快的快门速度拍摄，以减低晃动的问题，但却会令照片产生噪点。特别是在拍摄夜景的时候，长时间曝光会令暗部的噪点特别突出，所以，在环境允许的情况下，应使用较低的 ISO 值以获得最佳拍摄效果。

[新西兰] Chris Gin 摄

三、利用大光圈镜头来取景

在夜景环境拍摄时，大光圈可以让更多光线进入镜头，令观景器上的画面更清楚。拍摄夜景时，用大光圈虚化背景，可以使夜色更加神秘斑斓。

四、长时间曝光

拍摄夜景的其中一个常见技巧便是长时间曝光。长时间曝光可以用于拍摄车轨、星轨和海浪等。长曝可以记录下汽车红色尾灯的轨迹，还可以令一些平时肉眼看不见的光线显现，效果绝对引人入胜。

五、设定白平衡

拍摄夜景的时候不建议使用自动白平衡，因为在黑暗环境下，自动白平衡很容易变得不一致，导致相片出现色差。拍摄夜景时，可以使用"钨丝灯"模式的白平衡，但也要根据当时环境来选择最适合的模式。城市夜间的环境光非常复杂，照射区域、光线强度、光线颜色都不断变化，曝光和白平衡很可能出现问题，后期处理环节几乎不可避免，照片储存使用 RAW 格式，保留了更多细节信息，可以让摄影师在后期选片时，根据需要调整白平衡，给予后期处理更大空间。

六、提防过曝

夜景拍摄使用自动曝光模式时，很容易出现过曝的情况，出现这种情况的原因是因为相机会被大范围的黑暗环境误导。所以，拍摄夜景时，我们可以使用全手动模式或使用 B 快门模式，这样就可以自己设定合适的快门及光圈，当然要找出适当的光圈快门组合是需要经验的，可以多拍几张来看看效果。正常曝光拍出的光点，如最常见的灯光，看起来是十分清楚。相反，如果照片过分曝光，光点会有"光晕"的感觉，线条会不清晰。

6.5.2 夜景人像

一般而言，夜景人像拍摄难度比较高。在夜晚，自然光降低到最低或消失，人物的照明完全要依靠人工光，而自然的人工光线（路灯、橱窗光、店灯）色温比较复杂，同时照明度也很难满足人像合理曝光的需求。因为，一个场景有多种光源照射时，处理不好就会显得非常杂乱。如果采用户外的摄影灯具拍摄，又会面临器材笨重、摆放麻烦等问题，在人像摄影的范畴里，人工布光与模特自然状态的抓拍，始终是一对矛盾体。人工布光的位置固定下来的同时，也在角度、光比等方面，对模特的自然表达形成了限制，很多随机的、表露特定情绪的瞬间和多变的拍摄角度，会由于相对固定的布光而被迫牺牲。

[日] Kouji Tomihisa 摄

一、器材选择

夜景的现场光一般都处于低照度的状况，受环境的和光线的影响，夜景人像的拍摄经常需要采用高感光度和大光圈，个别环境下为了保证快门速度会提高感光度，虽然会有噪点的出现，但是在不考虑高质量输出的前提下，后期可以利用一些降噪插件进行适当处理。

二、构图方法

中央构图是比较常规的构图方式，除此之外，在设计镜头语言的时候，采用一些偏向于电影语言的构图，以大面积的空间留白，或者依靠结构的线条，来传递人物与环境的联系。

[德] Marius Vieth 摄

三、环境利用

在不使用闪光灯的情况下，大部分人拍摄夜景人像的场景选择，基本是在场景光线相对较好的地方：天桥、比较繁华的步行街广场等，这些场景固然光线比较好，但是大家也可以发掘更多的场景来丰富一组片子，比如，利用景观照明灯、街景广告牌等各种人造光源环境。

[捷克] Simsalabima 摄

四、曝光模式

当光圈、感光度设定完毕后，在拍摄的过程中，主要的调节参数就是曝光补偿了。通过针对不同的光线情况设定增减，以拍摄出不同影调的作品。在调整曝光补偿时，应遵循"白加黑减"的曝光原则。由于夜景大部分处于暗部较多的弱光环境，相机的测光系统为了保证曝光处于正确的灰度，会自动提升曝光量，从而使画面暗部过亮。实际上，这时相机降低了快门速度，使得拍虚的可能性大幅度增加，同时，夜景人像独特的味道也丧失掉了。夜景人像并非要拍亮，合理的暗度正是夜景人像独特的魅力所在。

[美] Tim Engle 摄

6.6 星空摄影

夏季的天气大致只有两种，晴天或大雨，很少有盘桓多日的阴云，夏季是最适合拍星空的季节。这个季节，会出产很多震撼而唯美的星空照片。

[美] Michael Shainblum 摄

6.6.1　时间和地点

时间和地点的选择，重要的原则就是避免杂光干扰，包括人造光和月光，别看月亮看起来并不刺眼，裸眼盯着看上十几分钟也不累，但它的亮度比星星的亮度要高得多。尤其是农历十五左右的满月状态下，几乎把星星的亮光全部掩盖了。

[芬兰] Mikko Lagerstedt 摄

所以，在时间上，我们应该选择农历的月末或月初，农历初五之前和二十五之后最佳，以最大限度降低月光对星光的干扰。地点的选择，尽量远离大都市，减少人造光源的干扰，郊区的高山上是最佳选择。

6.6.2 器材的选择

星空摄影的特点就是，极度缺乏环境光，所以要想方设法增加镜头的进光量。所以三脚架和快门线是必须的，能收缩到超低高度的三脚架最好，便于进行低角度拍摄。有了三脚架，就能通过延长曝光时间来增加进光量。如果要拍摄的是静止的星星而不是移动星轨，曝光时间不能太长，一般来说不能超过30秒，能增加的进光量也有限。拍星空是最需要使用高 ISO 的拍摄场景之一，有条件的话，可以使用全画幅相机。它的优点十分显著，感光屏巨大，在高 ISO 模式下的成像画质非常好，噪点比一般相机少得多。

[芬兰] Mikko Lagerstedt 摄

6.7 纪实摄影

纪实性摄影就是对任何真实事件、场景、物体的现实现场的记录。纪实摄影受到时间和空间的限制，受到摄影手段的影响。受到真实性的检验。纪实摄影与其说是一种艺术门类，倒不如说是一种工具，一种解读社会的工具。通过这个工具，摄影者发表自己对社会的看法，阐述自己对社会的评论。

[中] 张磊 摄

6.7.1 镜头的选择

纪实摄影作品要产生现场感，使观者有一种"我就在现场的感觉"。为了产生现场感，需要缩短拍摄距离，同时拍摄时还要注意环境的交代。因此，选择广角镜头就是必然的了。广角镜头不仅能很好地记录细节，还可以使画面的细节更加丰富，信息量更多。广角镜头还有一个十分优秀的特点，就是便于进行偷拍和盲拍。同时，可以利用长焦距做远距离拍摄，可以令被拍者放松。

6.7.2 纪实摄影抓拍技巧

一、自动对焦区域对焦模式

这种拍摄法对相机的对焦功能有一定的要求。用区域对焦法拍摄非常简单，一般情况下相机会在一堆对焦点里自己选择离拍摄者最近的一个点，或者选取若干对焦点组成的平均焦平面，对焦并拍摄。有些相机带了人脸识别，会选择最贴近人脸的那个对焦点。不过，这种功能在取景器里没法实现，必须在屏幕取景或者电子取景器里才能实现。这种对焦模式最严重的问题是要做大量运算，对焦速度不甚理想。

二、自动对焦单点对焦模式

用单点对焦想要快速地捕捉到对象，你需要仔细地观察和具备预先构图的能力，在取景器里微调对焦点到拍摄对象身上，随即按下快门即可。这种方法对善用定焦镜头的人比较好用，而时不时变换焦距的话是难有预先构图的。幸好，现在很多相机都具有对焦锁定功能，可以对焦后锁定，再构图拍摄。

[中]陈庆港 摄

三、使用最佳光圈

使用最佳光圈可以获得最好的画质，而使用更小的光圈可以获得尽可能大的景深。只要你熟练地掌握抓拍的技巧，就能随心所欲地使用各挡光圈。纪实摄影往往要求交代环境，所以不必考虑什么焦外虚化的问题，而是注意构图时的相互避让，以突出主体。

[美] Sergey Ponomarev 摄

四、测光和曝光

对于初学者或者摄影技术掌握尚不完全熟练的人，建议使用光圈优先、快门优先、自动程序或者干脆全自动挡拍摄，以保证成功率。

测光方式可以选用区域评价测光，这样可以基本保证全画面均匀曝光。如果你的拍摄对象相对静止，或者移动缓慢，可以采用中央重点测光，甚至单点测光。当然，这就要求你对18%灰的原理运用娴熟，并能熟练掌握曝光补偿白加黑减的原则。

如果你对上面这些都非常熟悉了，就可以采用手动挡拍摄。这种方式是建立在同一环境，类似的光线条件下，曝光值近等的原理上，测光正确后，固定光圈和快门，也就固定了曝光，拍摄时只考虑构图和对焦。即使光线稍有改变，有经验的摄影人会随之调节快门或者光圈来获得适当的曝光，操作也是非常迅速便捷的。

[法] Rehahn 摄

6.7.3 纪实摄影常用的视觉形式

一、地平线的运用

地平线的水平状态，给人以稳定的感觉。倾斜的地平线，给人以不稳的感觉和运动的感觉。

垂直的线条也可以起到分割画面的作用，可以表现分离的心态；也可以成为两个不协调画面的连线，在同一个画面产生对比，强化画幅内的冲突性。

[中] 王齐波 摄

二、边线的运用

边线是画幅的边缘，4条边线构成画幅。由于边线使得画幅成为一个封闭的二维空间，所以，画幅的边线有限制视线运动的作用。

[中] 王铁君 摄

三、角在构图中的作用

角是由两条直线相交而构成的。角的两条边线也有限制视线运动的作用，所以，把主体放在角中，也可起到突出主体的作用。同时，角的顶端的所指，也有表明方向的作用。画幅的四角也有这样的作用，可以使主体突出。但由于其角的位置处于画幅的边角，所以，也就有失落、边缘、埋伏和被忘记的感觉。

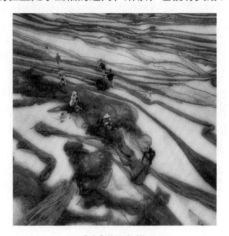

[中] 林振寿 摄

四、框的运用

框有多种多样的形式，自然物体形成的框，虚实形成的框，光影形成的框等。框的作用就是突出主体，是常用的视觉形式。纪实摄影中利用框，既可以突出主体，又可利用框表现环境特征。

[马来西亚] Shirren Lim 摄

五、剪影的运用

剪影是一个最具有艺术效果的视觉形式，简化了所有的形象信息，只留有形象的外型。把一个形象简化成一个符号。剪影还能给人以艺术的联想，使观者产生疑问，并激发寻找答案的动力。

[斯洛文尼亚] Matjaz Krivic 摄

6.8 小结

本章主要介绍了关于各类摄影的拍摄技巧，包括花卉摄影、儿童摄影、体育摄影、建筑摄影、夜景摄影、星空摄影、纪实摄影等类别，其中详细解析了各个类别需要用到的构图、色彩、光线、快门速度等技巧，摄影爱好者们应结合实践操作，选择适合的器材进行拍摄，从而达到练习的效果。

6.9 思考题

1. 花卉摄影中光线使用的基本要素有哪些？背景如何搭配可以衬托主体？
2. 体育摄影的快门速度应如何掌握？光圈在体育摄影中起到什么作用？
3. 纪实摄影的本质特征是什么？

Chapter

7

第7章
人像摄影技巧

　　人像摄影作为摄影艺术的一个门类，是众多摄影题材中最重要、最常见的拍摄主题之一。一幅优秀的人像摄影作品，能够很好地诠释出被拍摄者的性格和风度，揭示其内在的心理活动。人像摄影主要包括神情、姿态、构图、灯光、曝光等因素，对各因素都有较高的要求，它们是一个有机的整体。

7.1 人像摄影拍摄镜头的选择

镜头的选择是人像摄影的关键，使用不同的镜头可以表现出风格迥异的画面，长焦镜头和大光圈的运用，对成功塑造人物形象、突出主体具有非凡的作用。

人像摄影器材的选择

佚名 摄

7.1.1 长焦镜头

使用长焦镜头，在拍摄过程中可以最大限度地控制景深，长焦镜头不仅适合拍摄背景虚化、突出人物的照片，对人物的细节表现也是相当到位，使人物面部肖像更加饱满。

[法] Jay Kreens 摄

利用长焦镜头拍摄，变形较小，透视正常，易于操作。由于其拍摄角度小，景深较浅，且对于景物有显著的压缩效果，所以可以虚化杂乱的场景，使人物更加突出，画面更显平稳。

长焦镜头能够把远处的人和景物拉近，强烈地压缩空间。所谓空间压缩感，即是能"拉近"前景与背景间的距离，适合拍摄以远处景物为背景的人像。使得画面变得相当简练、紧凑和饱满，虚化前景和背景，突出主体，并在透视效果明显减弱的基础上，获得景物相互叠加的美感。由于长焦镜头的视觉特性，画面不容易产生畸变，因此对人物的表现也更加真实。

[挪威] Mila Ritz 摄 　　　　　　　[土耳其] Rengim Mutevell 摄

当背景是纵深感强的景物，如道路、桥梁、树林时，长焦镜头的空间压缩特性也能得到最大发挥。

7.1.2　大光圈

对于人像作品的拍摄，最为常用的镜头当属大光圈镜头了。大光圈可以营造非常梦幻的背景虚化效果，尤其用来表现清新人像更是完美。

大光圈带来的虚化不仅仅是为了好看，更重要的是去除杂乱背景，突出主体。除了用于常规创作以外，如果遇到一些非常杂乱的背景，也是可以利用大光圈将背景虚化，这样可以让整个照片的画面更加简洁。

[美] Emily Soto 摄 　　　　　　　[土耳其] Rengim Mutevell 摄

拍摄人物面部特写时，使用较大的镜头光圈，不仅可以提供更大的镜头通光量，同时可以尽量虚化掉与主题无关的景物，使得整个画面中的人物更加突出，画面也更加的纯粹、干净。光圈越大，背景越模糊，画面越简洁，主体也越突出。

小贴士

- 视角小，被摄空间范围小。
- 空间感差，空间纵深方向的透视明显压缩。
- 像放大率大，轻微震动会影响影像清晰度。
- 景深小，突出主题。
- 可拍摄远处物体的细部。
- 被摄物不易产生变形，适于人物肖像摄影。

7.2 人像摄影拍摄角度

高水准的照片常常依赖于恰当的拍摄视角。或许只需要将相机移动一小段距离，就能显著地改变画面的构图。拍摄时，不要径直走向拍摄对象并按下快门，而要绕它走一走，从各个角度观察它，然后选择一个最佳拍摄视角。

拍摄角度就是被摄人物与机位的关系。即使是拍摄同样的人物，也会随着相机位置的不同，而变成感觉完全不一样的人像照片。选择平拍、仰拍还是俯拍主要服从于内容的需要，哪一种角度最能体现被摄者的特征，最富有表现力，就采用哪种拍摄角度。

人像摄影拍摄角度

[法] Thierry NGUYEN 摄

一、平拍

平拍是以平视的角度进行拍摄，即摄影师与被拍摄者在同一高度上，以平拍的视角进行拍摄，可以带来心理平等的视觉感受，如同与人交流时在相同的高度上相互平视。

平拍的角度给人以亲切感，更有利于观众接受，加强了受众与画面沟通的亲近感。

[俄罗斯] Maxim Guselnikov 摄　　　　　　　　[美] Lisa Kristine 摄

二、仰拍

仰视拍摄改变了人的视觉习惯，也改变了人眼观察事物的视觉透视关系，这样拍摄的照片，使被摄者本身的线条均向上汇聚，夸张效果明显，会给人以新奇感，并可以表现人物的高挑身材和曼妙身姿，塑造被摄者威武、高大的形象。

[俄罗斯] Alexei Bazdarev 摄

三、俯拍

俯拍是一种适合拍摄人物脸部特写的角度，也可以较好地呈现人物视线和表情。俯拍方式通常会把靠近镜头的部位放大，所以拍摄人像站立姿势的全身照时，人物的脸会显得比较大，腿看起来则比较短小，所以人物会显得比实际身材短小。

[波兰] Marcin Zbyszek 摄

7.3 人像摄影拍摄景别

所谓景别，指由于摄影机与被摄体的距离不同，而造成被摄体在画面中所呈现出的范围大小的区别。在人像摄影中，根据景别范围的比重和画面表现空间的不同，可以呈现出不同的景别，产生不同的艺术效果。

7.3.1 全身

全身像是包括被摄者面部表情和整个身体形态的作品，同时还包括周围的环境，所以在构图上要特别注意人物和背景的协调，以及让被摄者选择合适的姿态，使人物的形象与背景环境的特点互相结合，都能得到适当表现。全身人像通常适用于外景人像，在拍摄时需要细心观察周围的背景，选择适当的角度和构图，让背景更好地为突出人物主体、衬托主题服务。

[英] Bella Kotak 摄

全身人像构图大多采用竖直构图，此构图法拍摄出来的照片，大都略带一点背景，常用于婚纱摄影。

[英] Joanna Kustra 摄

[乌克兰] Jay Kreens 摄

7.3.2　半身

　　半身人像往往从被摄者的头部拍到腰部，除了以面部为主要表现对象以外，还常常包括手的动作。半身人像将特写人像的拍摄范围扩大了，它以表现人物的上半身为主，背景环境在画面中通常不会是主角，仅作为人物的陪衬。这种拍摄方式一般可以考虑让人物上半身填满整个画面，也可将一定的背景拍进画面中，以便更好地衬托出画面氛围。

　　半身人像除了要注意人物面部表情的生动性以外，同时也要兼顾人物上半身姿态与表情应该配合自然，不能出现别扭的情况。

[俄罗斯] Yaroslavna Nozdrina 摄

[英] Bella Kotak 摄

7.3.3　特写

　　特写较半身更进一步，把对象的某一局部充满画面，从细微处来揭示对象的内部特征，更重视揭示内在的动感，通过细微之处看本质。特写常常富有寓意性和抒情性，较为含蓄，能启发人们的想象力。拍摄特写，成功的关键在于独具慧眼的观察力，能抓取一些值得特写的局部，以打开观众窥见事物内在的窗户。

　　比如人物的眼睛常常是特写的内容，因为人们常说眼睛是心灵的窗户，的确，通过人的眼睛，可以窥见人物的内心感情。

　　手是一个人行为和动作的焦点，能看出人的职业、年龄等特征。手还有丰富的"表情"，戏曲行话中说："指能语"，日常生活中人们就常常运用各种手势来辅助表达感情。

[俄罗斯] Ilona D.Veresk 摄　　　　[美] Steve McCurry 摄　　　　[意大利] Cristina Coral 摄

7.4 人像摄影动作设计

摄影作品中，人物身体的姿态可以表达人物的情绪，丰富画面的表现形式。通过人物的肢体动作，可以展现人物的形体之美、表现画面的情境。

人像摄影拍摄技巧

7.4.1 站姿

站姿是人像摄影最常见的姿态之一，能够充分展示人物身体线条，站姿自由度大、姿势多。

首先脚要摆放合理，站得稳才能使肢体形态得到表现；腿部的摆放应先确定重心腿，另一条腿表现可较为随意，可以使用叠步、内八字、外八字等造型来表现腿部的姿态。

胯部和肩部形态决定着腰部的线条，可利用肩、胯部的高低、扭转来变化姿态。肩线和胯线水平时，显得姿态端庄大方，肩线和胯线的夹角越大则人物动作越活泼。另外，可以通过上肢与躯干线条形成各种姿态结构，配合手势的动作，可使人物体态更富变化。站姿一般采用 S 形、三角形、斜线等构图方法。

[俄罗斯] Andrey \ Lili 摄

7.4.2　坐姿

坐姿人像相对站姿人像局限性大一些，但坐姿能形成优美的曲线，还有利于消除被拍摄者的紧张心理。

[英] Joanna Kustra 摄

　　坐姿人像适合表现静态的表情。在表现侧坐姿人像时，脊柱的形态十分重要，当被拍摄者坐下时，应虚坐在椅子的前沿上，以免大腿显得粗壮；脊背不能靠在椅背上，注意用脊梁骨去支撑上半身，使其姿态自然。线条的流畅、完整是坐姿造型处理中的一个不可忽视的问题，坐着的姿势往往会使延伸中的身段曲线中断，在拍摄时我们可以充分地利用上身的外侧轮廓特征曲线来显示体形，与肢体协调配合形成流畅的身体曲线。

　　采用坐姿拍摄时，一般以框架、对角线、曲线形式来构图。

7.4.3　卧姿

　　卧姿是比较放松的姿态，可以很好地展现出身体的线条和曲线。拍摄卧姿时，可以利用手臂的支撑来营造肢体的变化，比如侧卧时手臂的支撑。在构图时可采用水平线、对角线等构图方法。常用的卧姿拍摄主要有仰卧平拍、仰卧俯拍、俯卧侧身照和俯卧头像等方式。

[英] Bella Kotak 摄

一、仰卧平拍

从传统意义上讲，在所有人体姿态当中，仰卧是让身体处于最放松、最舒服状态的姿势。但是，从人像摄影的角度出发，大多时候我们都不希望被摄者的身体完全处于放松状态，而是需要调整身体线条的变化，从而增强、体现照片的美感。所以，在拍摄仰卧的人物时，为了更好地表现出人物的眼神和神态，在拍摄过程中，拍摄视角可以适当地提高，通常是与地面或支撑面成 45°角。这样既可以表现人物舒展的姿态，又可以充分表现出被拍摄者的神态。而在艺术人体摄影中，为了表现人物身体的线条，我们会采取完全水平的拍摄角度。

[乌克兰] Jay Kreens 摄

二、仰卧俯拍

俯拍角度会将人物与地面景物放置在同一个平面上，形成紧贴的效果。在这种拍摄角度下人物的身体姿态可以具有丰富的变化，但一定要注意姿态的自然协调。

[捷克] Martin Stranka 摄

三、俯卧侧身照

俯卧侧身身姿通常表现人物刚刚醒来的朦胧状态，人物的身姿最好要舒展、放松，这样也最能够体现她身体顺达的线条感。头部和上身可以由双肩支起，甚至也可以舒展双肩，让头部自然平躺在大臂处，这样伸长了整个身体，表现人物修长的身材与身体线条的曲线。

[法] Vivienne Mok 摄

四、仰卧头像

仰卧的头像身姿，人物正对镜头，与观者形成了一种交流，是颇具镜头亲近感的拍摄角度。在这种拍摄角度下由于偏重于上半身的姿态上，需要注意面部和手臂的配合，肩膀与大臂最好形成稳定的三角形，配合脸部圆形的优美线条。

[波兰] Marcin Zbyszek 摄

7.4.4　道具的运用

道具可以强化人像摄影的主题，凸显画面美感，选择适当的道具与人物做搭配，是人像摄影中的常用手法。借助一些简单的、随手易得的小道具可以丰富照片的内容，增添照片生气，同时，也可以使照片中的人物更加生动活泼。另外，巧妙地运用道具也可以更好地消除紧张感。当然，道具的选取一定是要和照片的主题、场景环境相适应配合的。

[俄罗斯] Ilona D.Veresk 摄

一、主题道具

常见的主题道具有两种，一种具有广告意味，为了进行商业宣传，利用人物衬托商品的美感与用途。另一种主题道具为强化人像摄影的主题的道具，借助道具的美感和形式，凸显人像摄影的美感。

[中国香港] QUIST TSANG 摄　　　　　　　　[俄罗斯] Yaroslavna Nozdrina 摄

二、辅助道具

辅助道具是用于烘托画面、衬托人物性格的道具。辅助道具通常不那么惹人注意，也不是画面焦点，却可以适度为画面增添美感，如下图所示，坐在室内的人物表情温柔，桌前的静物衬托出她文静知性的气质，是成功运用辅助道具的范例。

[美] Pauly Pholwises 摄

准确的道具，在拍照中能起到是至关重要的作用。它可以使模特的动作愈加放松，可以让全部画面愈加协调。一顶帽子、一副眼镜等，都能变成道具，最主要的是要与拍照的主题、周围的环境、模特的服饰等相协调，不能破坏了画面的整体美感。

7.5 人像摄影的影调控制

人像摄影调控制

人像摄影中所说的调子，是影调与色调的统称。影调能够影响观众的视觉和情感。人像摄影可以分为高调、低调、中间调、软调和硬调 5 种影调。所以，在从事人像摄影创作时，在艺术技巧上除了要考虑它的构图、用光以外，还要注意它的调子在视觉上产生的效果。

[乌克兰] Kostya Savvopulo 摄

7.5.1 环境

在日常的人像拍摄中，人物与环境在很多情况下都不可分割。要拍出优秀的环境人像照片，必须实现人物与环境的完美融合。在拍摄时我们应事先熟悉环境，营造恰当的拍摄氛围，尽量选择合适的背景和角度，判断光线的变化，适时捕捉，完美呈现。

[波兰] Marcin Zbyszek 摄

一、选择最合适的环境元素

环境人像自然不能脱离"环境"这个前提，它是表现人物主体最好的道具。在拍摄时，要根据作品想表达的主题思想，选择符合内容的背景和色调。

环境的选择应注意以下几点。

（1）选择有特色的背景，能够反映主体所处的环境。

（2）背景要尽量简洁。要能够通过最简单的元素把图片的主题表达出来。

（3）背景要有色调。在彩色图片上表现的是色调，在黑白图片上表现的就是反差。就是说背景跟主体有色调或者有反差，这样才能突出主体。

[乌克兰] Oleg Oprisco 摄

二、把握人与环境的和谐关系

环境人像一定要让人融入环境，追求和谐之美。理想的环境与氛围可以引导观者将目光聚集到人物主体之上，因此，在拍摄时，要尽量去掉可能干扰主体的元素。 但单纯的背景利用往往会使画面流于平淡。这就要求我们得学会选择背景，通过合适的拍摄角度及镜头焦距的控制来调整构图；同时，合理利用现场光源——如逆光条件下，利用反光板补光，拍摄轮廓清晰，并自带发光的漂亮人像。

事实上，无论构图还是光线利用，画面的成功很大程度上得益于主体与环境的对比与和谐。动与静、模糊与清晰、亮与暗等对比，既可以突出主体，又可以利用环境来烘托氛围。

[德] Laura Zalenga 摄

三、细节是完善主题的关键要素

人物在环境画面中的位置、大小、动作和色彩的对比关系等，都是拍摄好环境人像的重要因素。细节影响整体的完美，同时也是创作画面的关键要素。

[西班牙] Ibai Acevedo 摄

在谈到环境人像拍摄时，我们往往将重点放在人物身上，大谈如何构图、如何用光、如何与拍摄对象沟通等，这样的思路无可厚非。但画面整体氛围的呈现，环境和人像都不可或缺，有时候甚至故意虚化人物，让其成为画面中最生动的点缀，起到画龙点睛的作用。

7.5.2 低调照片的拍摄

低调画面是以大面积的深色调与小面积的浅色调相对比形成的画面色调，是运用暗背景衬托暗主体的一种艺术表现形式。在低光调画面中，深灰至黑的色调层次占了画面的绝大部分，少量的白色往往是人物的肤色和服饰，在低调中格外明显。寻找颜色深沉或者光线较暗的背景，利用光线的反差也可以有效地营造低光调照片。在区域光环境中，将人物置于被光照亮的位置，利用相机的宽容度来加大人物和暗背景的反差，同样可以实现迷人的低调效果。

[法] Thierry NGUYEN 摄

一、背景的选择

低调人像要营造一种低、沉、暗的视觉效果，选择合适的背景是个很重要的因素。

• 背景的材质：一般应选择吸光较好的材料，如黑毛绒布、黑棉布、无纺布、粗糙的深色墙壁等。

有些影楼使用的是深暗色纸背景，它的缺点是反光率较高，会使背景偏黑灰。当然，如果摄影师对光线控制得很好也是可以的。

- 背景的色彩：除了饱和度很高的黑色，还可以根据拍摄主题采用普蓝、墨绿、黑红、黑紫、黑褐等偏暗、偏黑系列色彩。
- 背景的图案：大多选用单色背景，由于低调作品用光少而精，所以用有图案的背景也很难表现出层次。

[英] Cansu Ozkaraca 摄

 小贴士

根据拍摄主题，可以在背景上体现适当的环境，但不要太过具象。

二、灯光的运用

低调人像摄影的用光，比较精致细腻，可以说是"惜光如金"。摄影师对光的控制直接影响到低调效果的表现。那么低调人像如何进行布光呢？

1. 光质的选择

拍摄低调人像时，应该多选择一些硬性光，灯箱面积小、聚光性比较好的灯具，比如裸灯，或在灯前加蜂巢罩、聚光桶或束光桶等。尽量避免用长方形、正方形或八角形的柔光箱，因为它们的光线散射性比较大，不适合表现低、沉、暗的画面。

2. 布光方法与拍摄

低调人像的布光一般以侧光、侧逆光和逆光为主，追求大反差的画面效果。在处理亮色块和亮轮廓线时，应做到"惜白如金"。在拍照时，要注意人物离背景远一些，否则前方灯具的余光会照射到背景上使背景的色调变浅；在暗背景上寻求变化时，要控制光源的亮度和渐变的范围，不要太亮，以免破坏画面整体效果。总之，低调人像摄影的布光面积越少，效果越明显，灯光应做到简而精。

[美] Maggie West 摄

　　在主光与辅光之间放一盏中间灯，它会起到衔接影调，调节反差的作用；在与主光相对的另一面，从被摄人物侧逆方向布一盏轮廓光，亮度以低于主光，且不失去亮面的层次质感为原则；在使用侧逆光做主光时，应使人物面部光线略暗，轮廓光要强，逆光效果才明显。

[法] Thierry NGUYEN 摄

　　布光时，主光为裸灯，从靠近人物的左侧稍后方向布光，使主体从背景中脱离出来，并表现出轮廓；柔性光在正面给人物的暗部适当补光。

三、曝光控制

　　在测光时，低调人像摄影宜采用点测光或局部测光模式，对人物的面部进行测光。在自然光条件下，采取这样的曝光方案，配合相机有限的宽容度，往往可以压暗处于阴影中的背景，营造低调的画面气氛。这样一来，即使背景不是通常意义上的"暗背景"，也可以制造近似低调画面的效果。

　　在低调人像摄影中，低调拍摄能够更好地突出画面中的人物，彰显人物主体的独特魅力，给人们呈现一种深沉、经典的视觉效果。

[乌克兰] Paul Apal kin 摄

7.5.3 高调照片的拍摄

所谓的高调就是色彩明度高，给人明朗、清新、柔和、干净的感觉。

拍摄高调照片应该注意以下几点。

（1）高调并不等于过曝，尤其是拍摄这类以写真为主的照片时，更要保证人物面部肌肤的质感和细节。一般采用点测光的方式，对人物的面部进行测光，以保证照片中人物的正常曝光。

（2）用光时如果用硬光则会产生较重的阴影，所以应以散射光（即柔光，如柔光箱、反光伞等）为主，辅助光和反光板也必不可少。

[波兰] Marcin Zbyszek 摄 　　　　　　　　　　　[俄罗斯] Yaroslavna Nozdrina 摄

（3）想拍摄出细腻的面部，无论采用什么样的布光方式，都应有从人物顺光位打过来的光线，以加强面部的照明。

（4）一般来说，人物与背景亮度相当时，高调的效果就能出来，如果背景的亮度比主体强一挡，高调的效果就更加明显，但背景亮度也不能比主体强太多，最好不要超过 1.5 挡。

[英] Joanna Kustra 摄

（5）拍摄高调效果的照片，光比不要太大，除头发外，面部光最好不要超过 1:2。

（6）人物和背景之间的距离不要太近，一般应该保持在 1.5 ~ 2m，以减少阴影效果。

7.5.4　不饱和色调

不饱和色调人像不像高调人像那样以浅淡的影调为主，也不像低调人像那样以深重的影调为主，而是在照片上可以包含深的、中等的、浅的各种影调。因此，它的影调构成特点既不倾向于明亮，也不倾向于深暗，而是给人一种既不偏于轻快，也不偏于凝重的视觉感受。在通常情况下，拍摄的人像照片都属于这种影调。

[西班牙] Ibai Acevedo 摄

7.6 黑白人像的拍摄技巧

黑白人像的摄影，要求对被拍摄对象进行更深入的观察。黑白人像摄影具有一种突出效果，它可以有效地消除人物所处的特定时代以及环境。由于没有皮肤的色调以及彩色的服饰来分散观众的注意力，绘画对象的灵魂都袒露出来了。从某种意义上来说，黑白摄影毫无疑问地具备这种深入到灵魂的能力，它对于被摄对象的客观描绘，可以提供更多有关其性格和特质的信息。的确，在没有色彩信息的情况下，摄影师对于肌理投入了更多的注意力。对于面部的皮肤来说，肌理就意味着皱纹和笑纹，也就是人物性格的客观呈现。黑白摄影能够很好地表现这些方面。

伟大的人像摄影作品之所以伟大，是因为他刻画了人物的灵魂，是因为它讴歌了生命的伟大，是因为它记录了一个时代的精神风貌，是因为它记录了人类社会的大悲大喜。

要拍一组有吸引力的黑白人像，摄影师必须准确掌握光线的运用。相机位置，光源所处的方位，光线落在被摄体的不同部位，都会产生出不同的效果。根据光线的角度不同，光线可分为：正面光、侧光、顶光和逆光 4 种类型。另外，根据光线的强度不同，光线又可分为硬光、软光和散射光 3 种。

[英] Joanna Kustra 摄

一、正面光

正面光的光线是从正面照射在被摄对象上，制造出一种平面的二维感觉，所以，平面光通常也被称为平光。采用正面光拍摄人像时，光线在模特的正上方，很均匀地照射在模特面部和身上，我们可以很清楚地见到模特的五官、头发及衣服的层次及质感。

二、侧光

侧光一般泛指侧面的光线，可以有很多角度，最常用的是 45° 侧光。在室内拍摄人像使用的主要光线多数为斜侧光，它除了能产生良好的光影对比外，还能突出主体的丰富影调和三维效果。尤其是 45° 侧光，通常被看作"自然光"，许多人认为这是人像摄影的最佳光线类型。

[比利时] Janis Sne 摄

三、顶光

顶光是比较难运用的光线。光线通常在被摄体的头顶，阴影深重而强烈，因此拍摄时要调节好模特的面向。

[比利时] Janis Sne 摄

四、逆光

逆光照片就是被摄体背对着光源所拍摄出来的轮廓影像效果，当光线从被摄物的后面照过来时，被摄物就会变成一个黑色的剪影。如果光源处于高位，就会在被摄物件的顶部勾勒出一个明亮的轮廓，例如模特的头发，制造出一种戏剧化效果，被叫做"轮廓光"。采用逆光，背对光的剪影物体，可以创造出既简单又有表现力的高反差影像。逆光剪影人像可算是一种高反差的人像摄影。

[西班牙] Ibai Acevedo 摄

 小贴士

人像摄影通常需要具备以下特征。

（1）强烈的情感冲击。

（2）反映了生命存在的价值、讴歌了生命的伟大。

（3）反映了人类社会的大喜大悲。

（4）反映了被摄人物特殊的人格魅力。

（5）摄影本体语言的淡化。

7.7 小结

本章主要介绍了关于人像摄影的拍摄技巧，通过镜头的选择、拍摄角度、拍摄景别、动作设计、影调控制、黑白人像等方面来诠释。摄影爱好者们可以根据不同的环境和氛围，设计模特的动作，选择拍摄的方法。通过这样的练习，可以对摄影有更深一步的了解，对技巧的锻炼也会有所提高。

7.8 思考题

1. 人像摄影中光线运用的重要性体现在哪里？如何表现？

2. 高调和低调人像摄影的特点及拍摄要求？

3. 为什么人像摄影中更偏好大光圈？

8 Chapter

第8章
数码摄影后期

数码摄影后期被越来越多的摄影工作者列为摄影创作的有机组成部分。当后期的技术和方法掌握到一定程度的时候，后期可以反过来影响前期拍摄。通过后期预想，拍摄者有把握的选择拍摄，运用包围曝光、多底合成等后期技术，使拍摄画面呈现出不同的风格效果。

8.1 常用软件

随着数码相机和计算机技术的不断发展，一幅优秀的摄影作品的背后往往包含了诸多因素。除了依靠测光、对焦、构图等基础摄影技术外，还需要加入对后期处理的考量。强大的数码后期制作软件可以优化摄影作品，而选择相应、适当的后期软件就像是拍摄前选择合适的镜头，不同后期软件的使用可以达到不同的后期效果。以下是常用数码摄影后期制作软件的介绍。

8.1.1　Adobe Photoshop CC

Adobe Photoshop 是 Adobe 开发和发行的图像处理软件。Photoshop 主要处理以像素所构成的数字图像。使用其众多的编修与绘图工具，可以有效地进行图片编辑工作。Photoshop 能够实现纠正曝光、调整颜色、裁剪照片等数字照片后期基本操作，依靠其强大的图像合成功能还可以制作出极富创意的合成影像，在图像、图形、文字、视频、出版等各方面都有涉及。

Adobe Photoshop CC 2015 开启界面

本书将以 Adobe Photoshop CC 2015 为例进行讲解。Photoshop CC 2015 工作界面如下图所示。

Adobe Photoshop CC 2015 工作界面

Photoshop CC 在 CS6 功能的基础上，新增并改进许多新功能，包括：相机防抖动功能、CameraRaw 功能改进、图像提升采样、属性面板改进、Behance 集成、同步设置以及其他一些有用的功能。新增功能可以极大地丰富用户对数字图像的处理体验。

8.1.2　Adobe Bridge

Adobe Bridge 是 Adobe 公司研发的一款文件浏览软件。Bridge 最初是 Photoshop 中的文件浏览器，后来优化为一款独立的软件，成为 Adobe 创意套件中的一部分，不仅可以浏览、管理磁盘中的 RAW 格式照片、视频以及 PSD、AI、INDD 等多格式的文件，而且与 Photoshop、Illustrator、InDesign 等多款 Adobe 软件直接衔接。从 Bridge 中可以查看、搜索、排序、管理和处理图像文件，还可以创建新文件夹、对文件进行重命名、移动和删除操作、编辑元数据、旋转图像、运用批处理命令，以及查看有关从数码相机导入的文件和数据信息等。

在数码摄影后期的应用中，Bridge 主要用于浏览、搜索、过滤、移动和批处理照片，查看照片的拍摄参数信息，为照片添加版权信息和关键字等。

通常 Bridge 会在安装 Photoshop 时被同时安装，如果已经安装了 Adobe Photoshop，可以从 Bridge 中打开和编辑相机原始数据文件，并将它们保存为与 Photoshop 兼容的格式。您可以在不启动 Photoshop 的情况下直接在"相机原始数据"对话框中编辑图像设置。如果用户未安装 Photoshop，仍然可以在 Bridge 中预览相机原始数据文件。

Adobe Bridge CC 2015 的工作界面如下图所示。

Adobe Bridge CC 2015 工作界面

8.1.3　Adobe Camera Raw

Adobe Camera Raw 是 Photoshop 和 Bridge 中都会用到的一款非常重要的插件。

　　对于数字摄影者们来说，处理 RAW 文件实在是一件令人头疼的事情，因为这种文件通常处理起来要耗费更长的时间，而且不同数码相机所生成的 RAW 文件也千差万别。因为 2003 年前的 Photoshop 软件是无法打开 RAW 格式文件的，摄影师只能使用各个相机厂商自己开发的解读 RAW 格式软件，不仅使用起来不方便，而且配合 Photoshop 使用时，软件间的转化还严重影响工作效率。

　　Adobe 推出的 Camera Raw 插件最初只是为了能够把 RAW 格式文件顺利导入 Photoshop，但随着版本的不断更新，它的功能愈加强大，不仅可以解读市面上绝大多数相机品牌的 RAW 格式文件，而且还能完成 70% 以上的图像后期处理操作。Camera Raw 对于照片的处理都是无损编辑，即对 RAW 文件没有任何破坏。

　　由于数码相机厂商不断推出新的机型，Camera Raw 也会不断更新版本，以能够适应新机型的 RAW 文件，所以 Camera Raw 的更新频率要比 Photoshop 频繁得多。如果照片在 Bridge 或 Photoshop 中无法打开，很有可能是使用了较新的机型，需要更新 Camera Raw 的版本。本书涉及的操作需要将 Camera Raw 更新至 9.0 及以上版本。

　　Camera Raw 工作界面如下图所示。

Camera Raw 工作界面

8.2 后期基本流程

8.2.1　全局调整

　　有关摄影作品的相关基础修正，大部分工作都可在 Adobe Camera Raw 中完成。一张照片，从镜头校正到二次构图，以及之后的局部调整、色调处理、锐化与降噪，直至最终的输出储存，都可以通过 Camera Raw 完成。本节将详细介绍如何通过 Camera Raw 进行图像的全局调整。

通过 Camera Raw 进行全局调整

一、画面校正

在拍摄的过程中，经常会遇到画面因镜头焦距和光圈调整失误等原因产生畸变、色差及暗角等图像失真现象。因此进行图像后期处理时，用户应该在预处理阶段优先进行相机和镜头的校正工作，然后再做白平衡校准、调整曝光和反差等其他基本调整。

案例 1：镜头校正配置文件

常见相机镜头中的畸变可以使用 Camera Raw 中【镜头校正】选项卡下的【配置文件】选项卡做调整。配置文件基于指定捕获照片的相机和镜头的 Exif 元数据进行相应的补偿。Adobe 公司提供的镜头配置文件包含了绝大多数镜头厂商的镜头型号。

STEP 01 在 Camera Raw 中打开需要调整的照片，进入【镜头校正】选项卡的【配置文件】标签页，如下图所示，勾选【启用镜头配置文件校正】复选框。Camera Raw 会自动侦测出照片的拍摄数据，并自动根据配置文件对画面进行补偿，校正镜头产生的畸变和暗角。

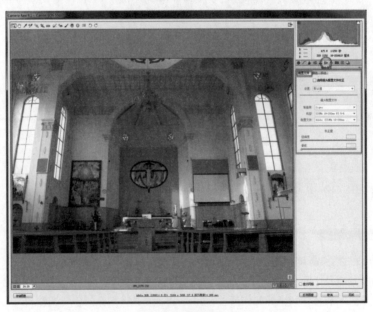

校正镜头的配置文件

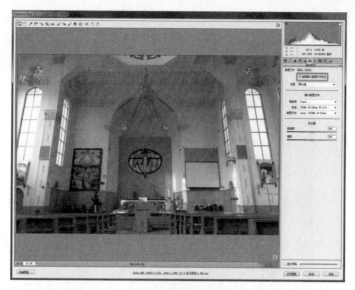

启用镜头配置文件校正

STEP 2 为了突出画面中的主体，我们可以将【晕影】滑块向左拖动到"0"，这样在校正镜头畸变的同时仍然保留了暗角的效果，如下图所示。

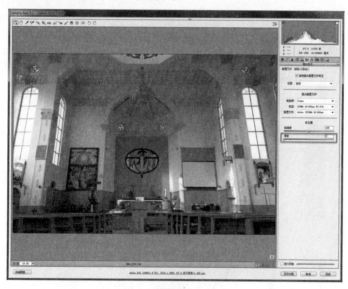

调节晕影

 小贴士

在镜头校正的配置文件选项中，系统默认按配置文件校正量的 100% 对画面的畸变和暗角进行校正，所以一旦勾选了【启动镜头配置文件校正】复选框，【校正量】选项卡下的【扭曲度】和【晕影】的参数默认值都为"100"。对画面畸变进行校正时，默认值为"100"将应用配置文件中的 100% 扭曲校正，大于 100 的值将应用更大的扭曲校正，小于 100 的值将应用更小的扭曲校正。同理，对画面中暗角进行校正时，默认值为"100"将应用配置文件中的 100% 晕影校正，大于 100 的值将应用更大的晕影校正，小于 100 的值将应用更小的晕影校正。当值为"0"时意味着无任何校正效果。

案例 2：修正色差

摄影时经常发现树枝、灯柱、建筑物轮廓上有紫边、蓝边或绿边情况，这是色散现象，Camera Raw 可以调整消除这些色差，调整时注意把图片放大到 100% 或更大，观察色差消除情况。

色差

STEP 🔲1 在 Camera Raw 中打开需要修正的照片，进入【镜头校正】选项卡中的【颜色】标签页，如下图所示，勾选【删除色差】复选框。Camera Raw 将自动识别照片中的色差并进行校正，如下图所示。

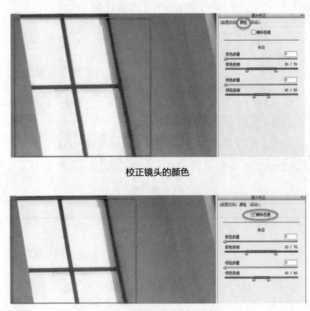

校正镜头的颜色

删除色差

STEP 🔲2 选择自动去除色差后，建筑轮廓边缘的绿色和紫色色差有明显改善，但仍然有些残留需要做进一步手动处理，如下图所示。在【去边】面板下，可调节紫色和绿色的【数量】滑块，以及控制【紫色色相】和【绿色色相】来调节边缘的色相范围，如下图所示。手动调节可以更加深入地去除色差。

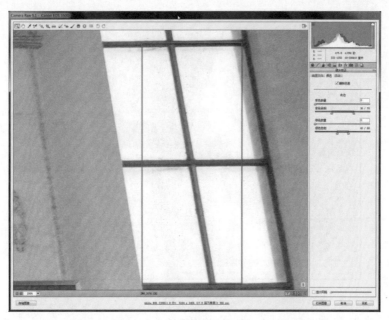

遗留色差

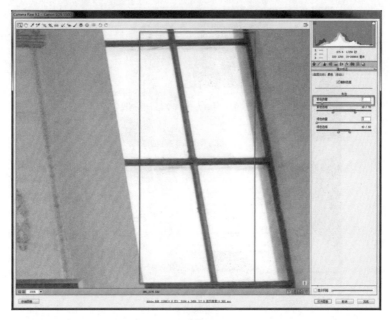

去边

案例 3：手动校正透视变形

通过 Camera Raw 中的配置文件校正功能，可以帮助用户完成大部分的照片失真的校正工作，但还是要根据照片的实际情况手动进行调整，以达到最佳效果。

STEP 01 打开需要修正的照片，进入【镜头校正】选项卡，在【配置文件】选项卡中勾选【启动镜头配置文件校正】，如下图所示，对畸变照片进行初步校正。

配置文件初步校正

STEP 2 进入【手动】选项卡，其面板如下图所示。

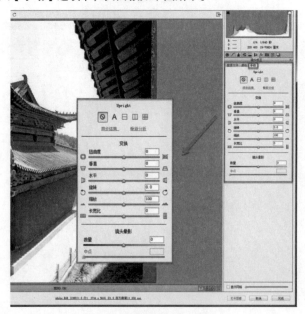

手动选项卡

【Upright】标签下有 5 个按钮，如下图所示。

- 【关闭◎】：禁用 Upright。
- 【自动A】：应用平衡透视校正。
- 【水平曰】：仅应用水平校正。
- 【纵向▥】：应用水平和纵向透视校正。
- 【完全▦】：应用水平、横向和纵向透视校正。

【变换】标签的设置项目如下图所示，可调整以下任一参数。

Upright 标签

- 【扭曲度】：向右拖动可校正桶形扭曲，并使向远离中心方向弯曲的线条变直。向左拖动可校正枕形扭曲，并使向中心方向弯曲的线条变直。
- 【垂直】：校正由于向上或向下倾斜相机而产生的透视。使垂直线变为平行线。
- 【水平】：校正由于向左或向右倾斜相机而产生的透视。使水平线变为平行线。
- 【旋转】：校正相机倾斜。
- 【缩放】：向上或向下调整图像缩放比例。有助于消除由透视校正和扭曲产生的空白区域。显示超过裁剪边界的图像区域。
- 【长宽比】：校正图像长宽比例。

变换标签

镜头晕影标签

晕影可导致图像边缘（尤其是角落）比图像中心暗。以下设置可在【镜头晕影】标签下进行调节，如下图所示：

- 【数量】：向右移动数量滑块（正值）可使照片角落变亮，向左移动滑块（负值）可使照片角落变暗。
- 【中点】：将中点滑块向左拖动（较低的值）可将数量调整应用于远离中心的较大区域，向右拖动滑块（较高的值）可将调整限制为靠近角落的区域。

STEP 03 根据案例图像，可以选择【Upright】标签下的【纵向】按钮，对图像进行水平和纵向的透视校正，如下图所示，校正后照片上的建筑前面明显垂直于画面。

选择 Upright 下的纵向按钮

STEP 04 勾选工作界面右下角的【显示网格】复选框，在照片上叠加网格，放大照片，发现照片仍存在透视问题，如下图所示。

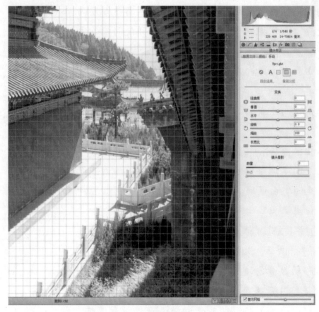

叠加网格

往往大家肉眼很难精确地观察到图像是否真的水平或垂直。这个时候，在图像上叠加网格作为透视水平的参考，可以有效地帮助用户观察图像。如右图所示，向右滑动滑块可调节网格间距大小，以找到适合照片的参考标准。

通过【变换】标签下的选项进行手动调整。如下图所示，将【垂直】选项的滑块向左拖曳到"−3"，将【水平】选项的滑块向右拖曳到"+10"，让画面更加符合视觉感觉。

手动校正透视参数

校正前后效果对比

二、基本调整

对图像画面校正完成之后，便开始正式进入调片环节。图像的基本调整可归纳为 5 个方面：审视直方图、校准白平衡、定位黑白场、适当饱和度和针对性反差。

三、二次构图

如果把前期拍摄当作第一次构图，那么利用数码后期技术对图像的裁剪就是对摄影作品的二次构图。在拍摄过程中，往往会因时间、拍摄位置、镜头焦距等问题的限制，难以实现理想的构图。数码后期的二次构图，可以让拍摄者有足够的时间经营构图，为摄影者提供更加充足的创作空间。

案例 4：比例裁剪

在 Camera Raw 的工具栏中选择【裁剪】工具，或直接按 C 键，进入裁剪模式。长按【裁剪】工具按钮会弹出下拉菜单，在下拉菜单中可选择不同的裁剪比例。可供选择的比例有 1:1，2:3，3:4，4:5，5:7，9:16，也可自定义比例，如下图所示。

裁剪工具

裁剪工具下拉菜单

选择所需比例后，在预览图像中拖移以绘制裁剪区域框。可通过拖移裁剪区域或其手柄来移动、缩放或旋转裁剪区域。要取消裁剪操作，在裁剪工具处于现用状态时按 Esc 键，或者单击并按住裁剪工具按钮，然后从菜单中选取【清除裁剪】。当对裁剪区域感到满意时，按 Enter 键即可。

裁剪的图像会调整大小以填满预览区域，而预览区域下方的工作流程选项链接会显示已更新的图像大小和尺寸。

不同的裁剪方法可营造不同的视觉平衡和美感，以下案例将以制作正方形图像为例，介绍比例裁剪的具体步骤。

STEP 1 打开案例照片，单击【裁剪】工具按钮，并在裁剪比例中选择"1:1"比例，如下图所示。

选择"1:1"比例进行裁剪

STEP 2 在预览图像中绘制裁剪区域框。通过移动、缩放或旋转裁剪区域以获得最佳构图形式。

调整最佳构图

STEP 3 按 Enter 键确定裁剪构图，如下图所示。

完成二次构图

案例 5：水平拉直

在工具栏中选择【拉直】工具，如下图所示，或者按键盘快捷键A切换拉直工具。在使用【拉直】工具后，【裁剪】工具会立即激活。

【拉直】工具

可以通过下列 3 种方式自动拉直图像。

* 双击工具栏中的【拉直】工具。
* 在【拉直】工具处于选定状态时，双击预览图像中的任意位置。
* 在【裁剪】工具处于选定状态时，按Ctrl键暂时切换到【拉直】，然后双击预览图像中的任意位置。

以下图为例进行水平拉直裁剪。

STEP 01 选择【拉直】工具，以地平线为参考绘制，如下图所示。释放图标，画面自动显示裁剪框，微调裁剪框校正到水平位置。

【拉直】工具调整水平

STEP 2 继续调整构图，裁剪掉照片下部多余的杂草部分，给天空留出更多空间比例，如下图所示。

进一步调整构图

STEP 3 按 Enter 键确定裁剪构图。如下图所示。

确定构图

8.2.2 曲线调整

曲线调整可以更精确地控制色彩和影调，在曲线图上有两个轴向，水平轴代表输入，即修改前色阶，从左至右表示从暗到亮；垂直轴代表输出，即修改后色阶，从下到上表示从暗到亮。

曲线初始状态，也就是在图像未做调整时，曲线是直线形的，而且是 45° 的，曲线上任何一点的横坐标和纵坐标都相等，这意味着调整前的亮度和调整后的亮度一样，如右图所示。

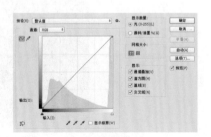

初始状态的曲线

案例 6: 风光片曲线调整

风光摄影多是些自然景观，后期调整时以突出大自然丰富的色彩和光线的相互影响及丰富的层次变化为主。

STEP 1 在 Photoshop 中打开照片，选择菜单【图像】/【调整】/【曲线】命令，打开曲线调节面板。

打开曲线调整面板

STEP 2 案例中照片拍摄的是日出，因此整体色调偏暖。在曲线面板的【通道】下拉菜单中选择【红】，调整曲线，降低大海颜色中的红色，如下图所示。

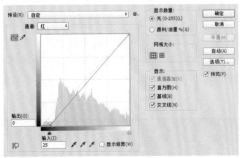

调整红色通道曲线

STEP 3 继续调整【蓝】通道，如下图所示。

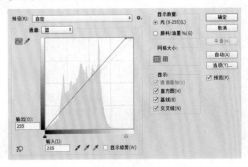

调整蓝色通道曲线

STEP **4** 调整【绿】通道，如下图所示。

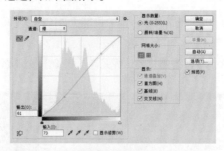

调整绿色通道曲线

STEP **5** 单击【确定】按钮，曲线调整后照片前后效果对比下图所示。

曲线调整效果对比

案例 7：日系色调曲线调整

日系拍摄风格是一种起源于日本，"清新"系风格的摄影方法。它大都是以朴素淡雅的色彩、略有过曝的光线处理及刻意的虚焦效果为主，是一种透着温馨淡然气息的拍摄风格。日系拍摄风格的照片注重细节，整体色调淡雅、饱和度不高，风格干净、简约，越来越受到年轻摄影者的青睐。

STEP **1** 在 Photoshop 中打开案例照片，并开启曲线面板。

打开曲线调整面板

STEP **2** 调整【红】通道，如下图所示。

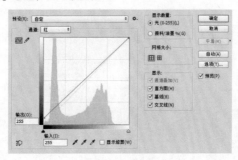

调整【红】通道

STEP **3** 调整【蓝】通道，如下图所示。

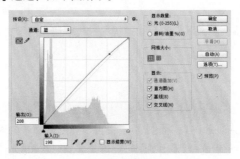

调整【蓝】通道

STEP **4** 调整【绿】通道，如下图所示。

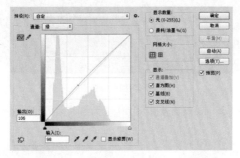

调整【绿】通道

STEP **5** 调整【RGB】通道，如下图所示。

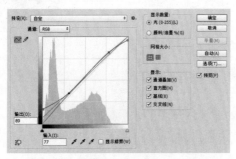

调整【RGB】通道

STEP ⚓️6️⃣ 单击【确定】按钮，完成曲线调整，调整前后效果对比如下图所示。

调整前后的效果对比

8.2.3 局部调整

在对照片进行全局调整后，紧接着要对图像的局部进行调整。本节所讲局部调整依旧基于 Camera Raw 软件。

一、局部修饰

案例 8：污点去除

在 Camera Raw 中，污点去除工具主要应用于修剪、弥补画面中的瑕疵部分及影响整体的细微部分。污点去除工具有两种类型可供选择：【仿制】可使修复区的形状和颜色都与取样处完全相同；【修复】则可使修复区的形状与取样处相同，但颜色和修复区周围相同，如下图所示。

污点去除工具

以案例图像为例，图像中岩石上的黄色落叶与周围岩石色彩不协调，需要在画面中去除，如下图所示。

去除黄色落叶

选择【污点去除】工具，在右侧面板选择【修复】类型，并调整画笔大小和羽化程度，如下图所示。

设置【污点去除】工具

单击画面中的黄色树叶，按住鼠标左键绘制需要去除的区域，如下图所示。

绘制需要去除的区域

释放鼠标，画面上分别显示取样点和修复点，如下图所示。

取样点和修复点

若默认修复点的修复区域与周围区域违和，则可拖动取样点重新取样。修改后图像如下图所示。

污点去除效果对比

当面对大量污点需要修复时，可打开【使位置可见】选项来分辨污点位置，如下图所示。此时画面会暂时切换到黑白的高反差效果，如下图所示。

【使位置可见】选项

画面切换到高反差黑白效果

二、局部调色

案例 9：调整画笔、渐变滤镜和径向滤镜

调整画笔、渐变滤镜和径向滤镜这 3 种工具，在局部调整中常常相互配合使用。

STEP 1 打开案例图像，在 Camera Raw 中先进行画面校正，如下图所示。

画面校正

STEP 2 在【基本】标签页对照片进行白平衡调整，如下图所示。

调整白平衡

STEP 3 继续全局调整，丰富画面层次，适当降低【自然饱和度】，如下图所示。

增加细节

STEP 4 完成了全局调整，开始对画面进行局部调整。为了丰富画面的色彩层次感，需要将上方树荫和下方石阶分别进行局部调整。如下图所示，选取【渐变滤镜】工具，在右方标签页先进行参数调整。为了使石阶成暖色调，需要调节色温，并将曝光降低，如下图所示。

【渐变滤镜】工具

调整参数

在图像预览区从下往上拖动鼠标，绘制【渐变滤镜】，此时渐变效果在画面上生成，如下图所示。

生成石阶【渐变滤镜】

同理，在树荫位置生成【渐变滤镜】，如下图所示。

增加树荫的【渐变滤镜】

STEP 对画面中间部分进行调整可以使用【径向滤镜】，如下图所示。画面中间偏上位置为光线最为集中处，需要增强对比度并营造神秘的冷色光线，如下图所示。

【径向滤镜】工具

设置【径向滤镜】

STEP 6 纵观画面整体，发现左下侧的石阶过于偏绿，需要局部修改色温并降低曝光，如下图所示。

需要修改的局部位置

此时可使用【调整画笔】工具，如下图所示。设置参数后在图像预览区绘制需要修改区域，如下图所示。

【调整画笔】工具

运用【调整画笔】工具修改局部

STEP 7 局部调整前后画面效果对比，如下图所示。

前后效果对比

8.2.4　锐化和降噪

　　运用数码后期技术进行锐化，可以修复和减少图像在被感光元件转化为像素的过程中产生的细节损失。同时可以解决成像发软、发虚及分辨率表现低等问题。

一、利用 Camera Raw 进行锐化

　　在 Camera Raw 中，调整【基本】面板中的【清晰度】滑块可对图像全局进行锐化处理。而【细节】选项卡上的锐化控件，可调整图像中的边缘清晰度，如下图所示。

　　1.【数量】

　　调整边缘清晰度。增加【数量】值以增加锐化。如果值为 "0"，则关闭锐化。通常，为使图像看起来更清晰，应将【数量】设置为较低的值。这种调整类似于【USM 锐化】，它根据指定的阈值查找与

周围像素不同的像素，并按照指定的数量增加像素的对比度。

2.【半径】

调整应用锐化的细节的大小。具有微小细节的照片一般需要较低的设置，具有细节较粗的照片可以使用较大的半径。使用的半径太大通常会产生不自然的外观效果。

3.【细节】

调整在图像中锐化多少高频信息和锐化过程强调边缘的程度。较低的设置主要锐化边缘以消除模糊，较高的值有助于使图像中的纹理更显著。

4.【蒙版】

控制边缘蒙版。设置为"0"时，图像中的所有部分均接受等量的锐化。设置为"100"时，锐化主要限制在饱和度最高的边缘附近的区域。按住 Alt 键拖动此滑块时可查看要锐化（白色）的区域和被遮罩的区域（黑色）。如下图所示。

【细节】选项卡上的锐化控件

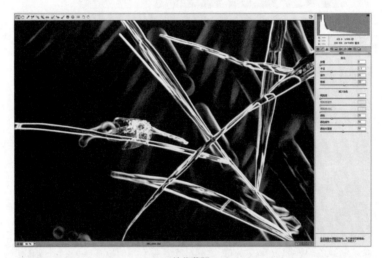

边缘蒙版

锐化后的效果如下图所示。

锐化

　　杂色是图像中多余的不自然的内容，它们会降低图像品质。如果拍摄时使用的 ISO 过高，或者数码相机不够精密，照片中可能会出现明显的杂色。在锐化的同时还应配合【减少杂色】相关调整，如下图所示。

【减少杂色】面板

- 【明亮度】：减少明亮度杂色。
- 【明亮度细节】：控制明亮度杂色阈值。适用于杂色照片。值越高，保留的细节就越多，但产生的杂色可能较多。值越低，产生的结果就更干净，但也会消除某些细节。
- 【明亮度对比】：控制明亮度对比。适用于杂色照片。值越高，保留的对比度就越高，但可能会产生杂色的花纹或色斑。值越低，产生的结果就越平滑，但也可能使对比度较低。
- 【颜色】：减少彩色杂色。
- 【颜色细节】：控制彩色杂色阈值。值越高，边缘就能保持得更细、色彩细节更多，但可能会产生彩色颗粒。值越低，越能消除色斑，但可能会产生颜色溢出。

二、利用 Photoshop 进行锐化

Photoshop 中的锐化滤镜很多，如下图所示。

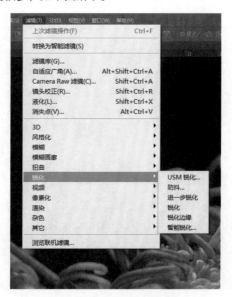

Photoshop 中常用的锐化滤镜

- 【锐化】和【进一步锐化】：聚焦选区并提高其清晰度。【进一步锐化】是比【锐化】应用更强的锐化效果。
- 【锐化边缘】和【USM 锐化】：查找图像中颜色发生显著变化的区域进行锐化。【锐化边缘】只锐化图像的边缘，同时保留总体的平滑度。【USM 锐化】调整边缘细节的对比度，并在边缘的每侧生成一条亮线和一条暗线，边缘更加突出。
- 【智能锐化】：通过设置锐化算法或控制阴影和高光中的锐化量来锐化图像。
- 【防抖】：Photoshop 会自动分析图像中最适合使用防抖功能的区域，确定模糊的性质，并推算出整个图像最适合的修正建议。经过修正的图像会在防抖对话框中显示，以供查看。

案例 10：高反差保留

除了以上常用的锐化滤镜，运用 Photoshop 滤镜中的【高反差保留】进行图像的锐化是目前较流行的后期手段，如下图所示。

高反差保留

STEP 01 在 Photoshop 中打开图片，并复制新的图层，如下图所示。

复制新图层

STEP 02 选择菜单【图像】/【调整】/【亮度／对比度】命令，打开【亮度／对比度】窗口，并将图层对比度降到最低，如下图所示。

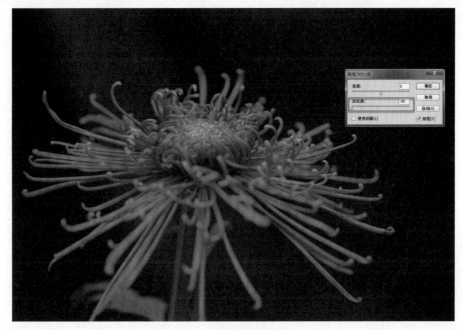

调整对比度

STEP 03 选择菜单【滤镜】/【其他】/【高反差保留】命令，打开【高反差保留】对话框，如下图所示，勾选【预览】复选框，调整【半径】数值，单击【确定】退出对话框。

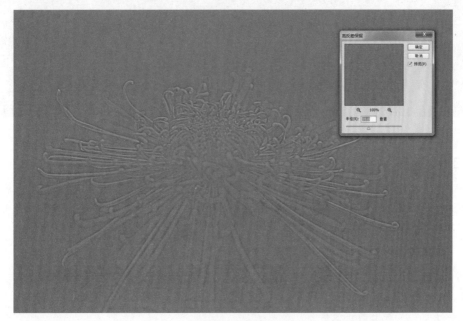

应用【高反差保留】

STEP 04 在图层混合模式设置为【叠加】，如下图所示，图像得到了锐化。

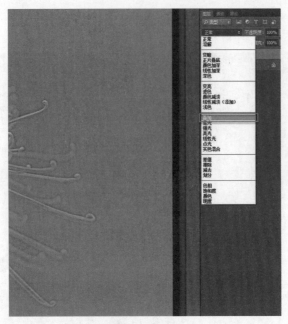

设置图层混合模式

STEP 5 若锐化程度不够，可反复重复上述步骤。对比效果如下图所示。

锐化前后的效果对比

8.2.5　输出

相机的 RAW 格式文件是不能直接打印或上传到互联网的，因此需要大家在后期制作的最后一个环节进行图像输出。输出前最重要的部分就是明确输出的目的，即图像的用途。不同用途的照片所需输出的规格并不相同，需要用户采取不同的输出方式。

一、用于印刷的输出

用于印刷的输出，对图片格式、色彩空间、色彩深度和分辨率等方面，有着最高标准的要求。用户可以通过 Bridge 和 Photoshop 两种方式，实现图片文件印刷品质的输出。

1. 在 Bridge 中输出 TIFF 文件

STEP 1 在 Bridge 中选择需要输出的照片并用 Camera Raw 打开照片。在 Camera Raw 界面的左下角，可以看到【存储图像…】的选项，如下图所示。

Camera Raw 界面中的【存储图像…】选项

STEP 02 单击【存储图像…】弹出【存储选项】对话框，如下图所示。

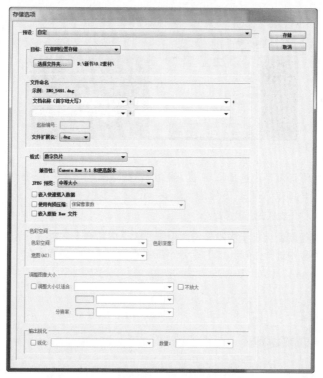

【存储选项】对话框

STEP 03【格式】下拉菜单中，图形格式【TIFF】是最高级别的存储格式，如下图所示。因为 TIFF 格式不仅是无损压缩格式，色彩深度可以达到"16 位 / 通道"甚至"32 位 / 通道"，而且它还可以被绝大多数的绘画、图像编辑和页面排版软件支持。因此，如果输出的作品需要使用与印刷品或摄影作品相同的质量级别，最好都存为 TIFF 格式。

TIFF 格式

STEP 4 【色彩空间】下拉菜单中选择【Adobe RGB】，如下图所示。【Adobe RGB】比【sRGB】的色域要大很多，用户用照相机拍下来的照片要在 Photoshop 中处理，所以在相机里面把色彩空间设成【Adobe RGB】，印刷用途输出的色彩空间管理同样应使用【Adobe RGB】。

色彩空间

STEP 5 【色彩深度】中选择【16 位 / 通道】，如下图所示。一个通道如果是 8 位的，最多只能记录 256 种颜色，但是如果通道是 16 位的，最多可记录 65536 种颜色。所以【16 位 / 通道】的色彩空间更大，是印刷输出时必须要用的参数。

STEP 6 【调整图像大小】中不要勾选【调整大小以适合】复选框，否则输出时会对照片进行尺寸调整。可在下拉菜单中选择【默认值】，【分辨率】设置为【300 像素 / 英寸】，以保证输出的品质，如下图所示。

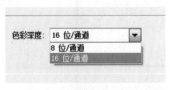

色彩深度

调整图像大小

2. 在 Photoshop 中输出 TIFF 文件

STEP 1 在 Photoshop 中打开需要输出的文件，选择菜单【文件】/【存储为】命令，如下图所示。

"存储为"

STEP 在【存储为】对话框中，选择【保存类型】为【TIFF】，勾选【ICC 配置文件：Adobe RGB（1998）】复选框，即将色彩空间设为 Adobe RGB，如下图所示。

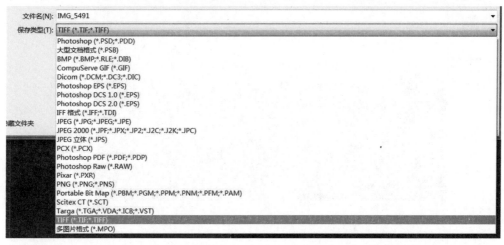

存储为【TIFF】格式文件

STEP 单击【存储】按钮，弹出【TIFF 选项】对话框，在【图像压缩】选项卡中选择【LZW】或【ZIP】，单击【确定】按钮，输出完成，如下图所示。

【TIFF 选项】对话框

3. 批处理输出

批处理操作，即按照同一标准输出一批照片，不必对每张照片重复同样的操作。

批处理输出只需在 Bridge 中把需要输出的照片全部选中并在 Camera Raw 中同时打开，再次对照片全选，单击界面左下方的【存储图像…】，如下图所示，在弹出的【存储选项】对话框中按照上述单张照片输出步骤操作即可。

批处理输出

二、用于网络的输出

当需要在博客、论坛等网络平台上传照片，或者向手机端传输照片时，用户需要将【RAW 格式】或【TIFF 格式】的文件转化成 JPEG 文件输出。此时同样可以通过 Bridge 和 Photoshop 两种方式实现。

1. 在 Bridge 中输出 JPEG 文件

STEP 将 Bridge 中需要输出的照片在 Camera Raw 中打开，单击左下方的【存储图像…】，弹出【存储选项】对话框，如下图所示。

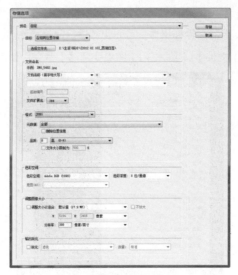

【存储选项】对话框

STEP 2 在【格式】下拉菜单中选择【JPEG】；【品质】一般选择【高（8~9）】或【中（5~7）】即可。如下图所示。因为照片品质与对照片文件的压缩程度有关，品质越高，压缩的损失越小。尽量避免选择【最佳（10~12）】，一是互联网传播不需要那么高的品质；二是生成的文件体积太大，不利于上传网络。

格式设置

STEP 3 基于互联网输出的标准色彩空间是 sRGB，【色彩空间】也应设置为【sRGB】。而【色彩深度】只能是【8 位 / 通道】，因为 JPEG 记录不了【16 位 / 通道】的深度，如下图所示。

【色彩空间】设置

STEP 4 在【调整图像大小】选项卡中，可根据需要勾选【调整大小以适合】复选框，从而根据情况设置自己所需的宽度和高度，如下图所示。

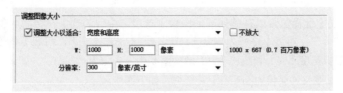

调整图像大小

2. 在 Photoshop 中输出 JPEG 文件

Photoshop 里面有一个专用的文件夹操作，可利用其进行简易操作。

STEP 1 选择菜单【文件】/【脚本】/【图像处理器】命令，如下图所示。

选择【图像处理器】

STEP 2 打开【图像处理器】对话框，在【选择要处理的图像】选项卡中单击【选择文件夹…】按钮，如下图所示，选择需要进行处理的文件夹，单击【确定】按钮。

选择需要处理的文件夹

STEP 3 在【选择位置以存储处理的图像】选项卡中，勾选【在相同的位置存储】单选框。在【文件类型】选项卡中，勾选【存储为 JPEG】复选框，【品质】为 8；勾选【调整大小尺寸以适合】复选框，在下面的图像宽度（W）和高度（H）像素限制中，各填入"2000"，即最大边长不超过 2000 像素；然后勾选【将配置文件转换为 sRGB】复选框，如下图所示。

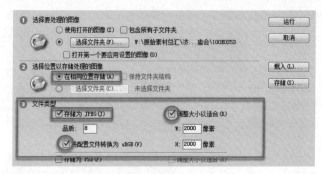

选择位置及设置文件类型

STEP 4 确认在【首选项】选项卡中，勾选【包含 ICC 配置文件】复选框，如下图所示。

设置【首选项】

STEP 5 全部选项确定后，直接单击【运行】按钮，Photoshop 便会自动在选中文件夹中新生成的一个名为【JPEG】的文件夹，并将所有输出的 JPEG 文件保存其中。

8.3 后期技巧应用

摄影者在实际拍摄过程中经常会遇到许许多多不可抗的客观阻碍。比如天气状况、地理位置，甚至是拍摄者当时的身体或精神状态。通过相应的后期技巧的应用，可以有效地优化摄影作品，将拍摄中所遇到的不可抗因素对摄影作品的影响降到最低，达到预期，甚至超过预期的美妙效果。

8.3.1　堆栈

堆栈是将一组参考帧相似但品质或内容不同的图像组合在一起。将多个图像组合到堆栈中之后，就可以对它们进行处理，生成一个复合视图，消除不需要的内容、杂色、扭曲等。简单来说，堆栈是通过图层叠加的方式对一堆静态照片进行计算处理，最终得到一张合成的照片，用于展现一定时空范围内的连续变化。

堆栈打破了拍摄时光线、环境、器材的诸多限制，利用堆栈处理照片，能获得高品质画质，集中展现一定时空范围内的连续变化，使拍摄物不受光线强弱的影响，甚至可以拓展拍摄对象的景深。

堆栈主要通过 Photoshop 来实现的。Photoshop CC 2015 有标准偏差、范围、方差、峰度、偏度、平均值、中间值、总和、最大值、最小值和熵 11 种堆栈模式可选择使用。

案例 11：流云效果

运用堆栈技巧可以将一段时间的影像浓缩在一张画面中，使天空中的流云更加具有时空感和运动感。

STEP 1 在 Bridge 中将所需照片素材全部选定，选择菜单【工具】/【Photoshop】/【将文件载入 Photoshop 图层】命令，如下图所示。

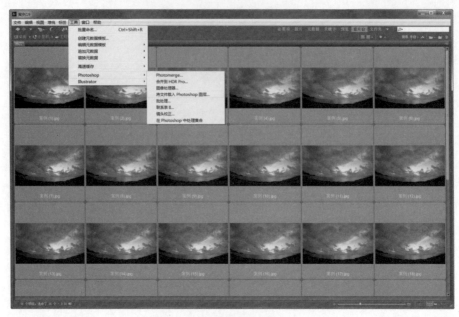

导入照片组到 Photoshop

STEP 2 将导入 Photoshop 的全部照片的图层选中，单击鼠标右键在弹出的快捷菜单中，选择【转换为智能对象】命令，如下图所示。转换为智能对象后可对图像进行无损调整，并在堆栈计算时有效地降噪。

将图层转换为智能对象

STEP 3 选择菜单【图层】/【智能对象】/【堆栈模式】/【平均值】命令，如下图所示。

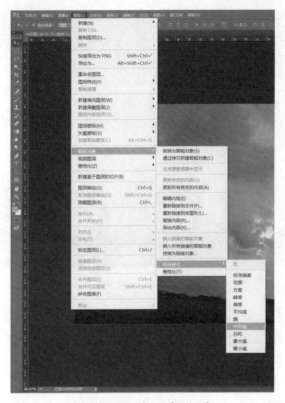

选择【堆栈模式】下的【平均值】

STEP 04 经过运算后，照片静止的前景不受影响，天空云的运动被叠加，出现了流云效果，如下图所示。

流云效果

STEP 05 为丰富图片效果，选择菜单【滤镜】/【Camera Raw 滤镜】命令，进入 Camera Raw。对照片做进一步的全局调整和局部调整，如下图所示。

使用 Camera Raw 调整

8.3.2　虚拟光源

拍摄是光的艺术，好的光线对于拍摄主体的表现和气氛的烘托至关重要。但拍摄过程中往往会因为天气原因和光线角度问题，错过捕捉光线的时机。为了弥补前期拍摄对光线的错失，用户可以利用 Photoshop 制造虚拟光源，为影像创造光线。

案例 12：镜头光晕

光晕指照片中的点光源周围出现了光环的效果。

STEP 1 在 Photoshop 中打开案例照片，在背景图层的上方新建一个空白图层，将空白图层填充为黑色，如下图所示。

新建空白图层　　　　　　　　　　　　　　　将图层填充为黑色

STEP 2 将填充好的黑色图层转换为智能对象，如下图所示。

将黑色图层转换为智能图层

STEP 03 选择菜单【滤镜】/【渲染】/【镜头光晕】命令，打开【镜头光晕】对话框，如下图所示。

【镜头光晕】对话框

STEP 04 在预览窗口拖动光晕位置，并根据需要选择亮度和镜头类型。单击【确定】按钮后，镜头光晕被添加在黑色图层上，如下图所示。

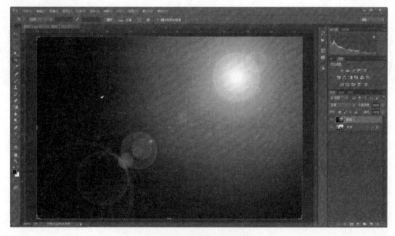

黑色图层被添加上光晕效果

STEP 5 将黑色图层的混合模式改为【滤色】，如下图所示，光晕效果和照片叠加在了一起。

光晕被叠加在照片上

STEP 6 若光晕位置或亮度与画面不匹配，还可以再次调整光晕位置。用鼠标双击图层面板中的【镜头光晕】，打开【镜头光晕】对话框进行调整，如下图所示。

再次调整光晕位置和亮度

STEP 7 调整光晕颜色，是光晕为照片整体营造氛围。单击图层面板下的【调整】按钮，选择【色相／饱和度】，在【色相／饱和度】面板中勾选【着色】复选框，以及面板下方的【此调整剪切到此图层】按钮。滑动【色相】滑块，光晕颜色得到调整，如下图所示。

调整光晕色相

STEP 8 为了使光晕与照片更加融合，可适当降低光晕图层的透明度，如下图所示。

降低图层透明度

STEP 9 最终效果如下图所示。

调整前后效果对比

8.3.3 接片

接片即创建全景照片，通常是为了获得更大尺幅的照片，是后期处理常用技巧之一。

全景照片合成得成功与否，取决于原始素材照片的拍摄质量，在拍摄时需要注意以下几点。

（1）接片使用的照片素材要将畸变控制在最小。

（2）在拍摄时相机最好使用固定焦距和相同的位置，使拍摄画面始终保持水平。

（3）接片使用的一组图片素材应具有相同的曝光参数。拍摄接片的素材时，光圈和快门一定是锁定的，最好采用手动曝光模式。

（4）拍摄接片时，相邻的图片之间应该至少重叠40%的内容，但是最多不要超过70%，重合部分太多或太少都可能无法很好地融合图像。

案例 13：Camera Raw 中的全景合并

STEP 1 将案例中需要拼接的 6 张照片在 Camera Raw 中打开，全选 6 张照片，在界面左上方【Filmstrip】照片栏中选择【合并到全景图】，如下图所示。

在 Camera Raw 中选择【合并到全景图】

STEP 2 经过运算合成后，Camera Raw 自动打开【全景合并预览】窗口，在窗口右侧的【投影】中有【球面】、【圆柱】和【透视】3 个选项，可根据照片特点选择适合的合成方式。勾选【自动裁剪】可裁剪全景照片的边缘，如下图所示。单击【合并】按钮，将合成的全景照片存储为"DNG"格式的数字底片。

设置【全景合并】相关参数

STEP 3 在 Camera Raw 中打开合成好的"DNG"格式文件，合成后的照片中色温和动态范围信息仍然被保留，可继续对照片的基本参数进行调节，如下图所示。

对合成照片基本参数进行调节

案例 14：Photoshop 中的 Photomerge 接片

STEP 1 在 Adobe Bridge 中选择需要拼接的 6 张照片，选择菜单【工具】/【Photoshop】/【Photomerge】命令，如下图所示。

STEP 2 在【Photomerge】窗口的【版面】面板中有 6 种拼接方式可供选择，可根据照片效果自行选择。勾选窗口下侧的【混合影像】复选框，如下图所示。

在 Photomerge 窗口中设定参数

STEP 3 单击【确定】按钮，完成接片的照片自动生成6个带蒙版的图层，按 Ctrl + E 组合键，将6个图层合并为同一个图层，如下图所示。

合并图层

STEP 4 接片后的照片在画面上下方均有很大的缺口，如果直接裁剪掉会浪费画面内容，因此需要将缺口填满，如下图所示。

接片后出现画面缺口

STEP 5 使用 Ctrl + T 组合键对画面进行调节，单击鼠标右键在弹出的快捷菜单中选择【变形】命令，进入变形模式后，如下图所示，画面被叠加上井字格控件。

进入变形模式

STEP 6 拖曳控件，使画面填充完整，如下图所示，按 Enter 键确认。

画面填充完整

STEP 7 选择菜单【滤镜】/【镜头校正】命令，如下图所示。

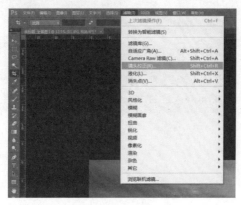

选择【镜头校正】

STEP 8 在【镜头校正】对话框中选择【拉直】工具，以画面中的地平线为基准进行绘制，如下图所示。释放鼠标，画面水平被自动校准。

调整画面水平

STEP 9 选择【裁剪】工具，对画面进行二次构图，如下图所示。

通过裁剪对画面进行二次构图

STEP 10 选择菜单【滤镜】/【Camera Raw 滤镜】命令，如下图所示，进入 Camera Raw 窗口，此时可对照片进行全局及局部调整。

进入 Camera Raw 调整照片

8.4 小结

本章主要介绍了数码摄影后期的知识，包括后期操作软件的选择和图片的管理、后期过程中对图片的全局调整、曲线调整以及局部调整等，还涵盖了影调、堆栈、虚拟光源和接片等技巧的应用。结合实际案例，摄影爱好者们可以使用自己拍摄的照片素材进行练习，以便熟练掌握软件的应用以及对照片的后期优化。

8.5 思考题

1. Camera Raw 可以对照片进行哪些基础修正？
2. 对于照片的基本调整分为哪几个方面？
3. 把一张照片调整成日系风格该怎样操作？
4. 简述如何为照片附加虚拟光源。